不被定义的年龄

积极年龄观
让我们更快乐、健康、长寿

〔美〕贝卡·利维博士 / 著

喻柏雅 / 译

机械工业出版社

CHINA MACHINE PRESS

北京市版权局著作权合同登记　图字：01-2023-4769 号。

图书在版编目（CIP）数据

不被定义的年龄：积极年龄观让我们更快乐、健康、长寿 /（美）贝卡·利维（Becca Levy）著；喻柏雅译 . —北京：机械工业出版社，2024.5（2024.9 重印）

书名原文：Breaking the Age Code: How Your Beliefs About Aging Determine How Long and Well You Live

ISBN 978-7-111-75541-8

Ⅰ.①不⋯　Ⅱ.①贝⋯ ②喻⋯　Ⅲ.①老年心理学　Ⅳ.① B844.4

中国国家版本馆 CIP 数据核字（2024）第 069564 号

机械工业出版社（北京市百万庄大街 22 号　邮政编码 100037）
策划编辑：向睿洋　　　　　　责任编辑：向睿洋
责任校对：肖 琳　张昕妍　　责任印制：常天培
北京铭成印刷有限公司印刷
2024 年 9 月第 1 版第 2 次印刷
147mm×210mm·9.5 印张·209 千字
标准书号：ISBN 978-7-111-75541-8
定价：69.00 元

电话服务　　　　　　　　网络服务
客服电话：010-88361066　机 工 官 网：www.cmpbook.com
　　　　　010-88379833　机 工 官 博：weibo.com/cmp1952
　　　　　010-68326294　金 书 网：www.golden-book.com
封底无防伪标均为盗版　机工教育服务网：www.cmpedu.com

赞誉

百年前，人类的人均预期寿命不到 40 岁，而今已经超过了 73 岁。回头再看"人生七十古来稀"，不免感慨万千。作为史上寿命最长的一代智人，我们又该如何面对长寿时代？对于有意义的一生来讲，长度仅仅是一个维度，还有广度、深度、丰度，特别是温度。所谓"有志不在年高，无志空长百岁"。而一个人的衰老，则是从不愿接受新事物开始的。本书倡议大家忘掉年龄，保持好奇，充满热血。正如"岁月不饶人，我亦未曾饶过岁月"。

——尹烨　华大集团 CEO，生物工程博士

这本书改变了我对年龄的看法！正确的年龄观对每个人都非常重要！

——樊登　帆书 APP 创始人、首席内容官

"衰老是一个被灌输的概念。"以耶鲁大学贝卡·利维教授为代表的心理学家做了大量研究，证实了这一点。利维教授的这本书，不仅清晰地介绍了年龄观念影响衰老过程和身心健康的研究证据，还呼吁并指导我们抵制"被灌输"，以及摆脱身边隐藏的年龄歧视。如果您正在为岁月催人老而焦虑，相信这本书可以带给您力量与安定。

——彭凯平　清华大学心理与认知科学系教授

本书从翔实的研究数据出发，通过比较东西方文化差异对老龄化的影响，阐述了积极、乐观的年龄观念对于体力、记忆力、心理健康的影响，甚至用研究数据证实：文化观念可以战胜风险基因。世界卫生组织提出实现健康老化的维度之一是改变"年龄歧视"。年龄观念，而不是年龄本身，是影响晚年身体表现的主要因素，本书书末还附有简明实用的增强积极年龄观念的 ABC 方法。

在银发浪潮汹涌澎湃的中国，一方面我们要在医疗、教育、广告媒体、流行文化等领域终结年龄歧视这个无声的流行病，重拾五千年中华文明对长者的尊重；另一方面我们也要调整心态，思考作为不同的个体，应该如何设计、构建和体验老年生活。发挥经验优势，保持对新鲜事物的好奇，勇于尝试，没有什么是太晚的！

——康琳　北京协和医院老年医学科主任

每个人的年龄都会持续增长，如何构建积极的年龄观念？怎样摆脱年龄的固有界定？又该如何消弭各领域的年龄歧视，进而树立起乐观向上、充满活力的年龄观念？《不被定义的年龄》对此予以了深度阐释，值得一读。

——陈向东　高途创始人、董事长兼 CEO

阅读此书，与积极的年龄观念结缘，体悟年龄增长所带来的流光溢彩，可以塑造我们的未来，新的现实、新的旅程将如期展开。享受这份生命的惊喜，美好的日子接踵而来。

——陈春花　管理学者

我常说："人生 50 岁开始，60 岁绽放，70 岁灿烂，80 岁辉煌！"随着年龄的增长，我们会慢慢走进内心，靠近真实的自己，生命也更加丰盈。这本书为我的观点提供了科学的支撑。我们每个人都会变老，年龄歧视和年龄焦虑对人的身心健康毫无益处。阅读这本书，你会发现：仅仅以更积极的眼光看待年龄，就可以让身心极大受益，获得更好的记忆力、更强的运动能力以及更健康的心理。推荐大家阅读！

——海蓝博士　海蓝幸福家创始人

一切尚未定义，一切才皆有可能。面对人口老龄化给经济社会带来的巨大机遇和挑战，我们首先要打破的就是对"年龄"的定义。正如我在《银发经济：从认知到行动的商业创新路径》一书中所写：只有将老龄群体视为高品质和高价值的消费者及有经验的供给者，我们才能在前所未有的老龄社会获得可持续发展的机会和可能。

——李佳　盘古智库老龄社会研究院副院长，
老龄社会 30 人论坛成员

是什么在无形中让我们晚年的生活格式化？是社会观念？还是刻板印象？阅读这本书或许能启发你去探索不一样的老年生命，从而获得一段自我充实的高度社交时期。这本书中倡导的积极年龄观念，是老年生活中的一束光，它诉说着，人生越往后看越精彩……

——时尚奶奶　中国时尚晚年意见领袖

"年长＝衰老，年长＝无用"，这样的刻板印象已经不仅仅存在于利维书中的美国社会。对老年人的消极刻板印象不仅造成了社会对老年群体有意无意的歧视，也让老年人自身对待老年的态度变得消极。利维是研究年龄刻板印象的著名心理学家，在她的书里，我们可以看到不受年龄标签约束的老年人是如何展现出令人惊讶的活力与成就的。年龄只是一个数字，任何人都不该被年龄定义。

——彭华茂　北京师范大学心理学部教授

贝卡·利维一直是我学术上的偶像，她的经典研究（也是本书第 6 章提到的 7.5 年寿命优势）也成了我自己研究的引路明灯。现在，利维用一种更为通俗的方式把她的研究娓娓道来——告诉你为什么不应该"预定义"年龄。所以无论你现在处于什么年龄阶段，我都建议你读一读这本书，不仅是为了消除年龄刻板印象，更是为了自己的健康长寿！

——张昕　北京大学心理与认知科学学院副教授，
美国老年学学会会士

身份证年龄不能改变，但是，一个人的健康年龄可以改变。我71 岁，有 6 块腹肌，有 50 岁人的最大摄氧量，有 40 岁人的骨密度。我是如何做到的？第一，冲破身份证年龄的窠臼；第二，挑战健康年龄的天花板；第三，更新观念，活得久，更要活得精彩！

——田同生　长寿科技社群主理人，完成了 130 场马拉松的作家

我是一名运动教练，我的学员中有很多六七十岁才开始运

动，却还完成了自己第一个半程马拉松的哥哥姐姐。年龄只是一个数字，真正重要的是我们对待生活的态度和信念。很喜欢书里介绍的科学研究——拥有积极年龄观念的受试者比拥有消极年龄观念的受试者平均多活 7.5 年。这让我更加相信，保持积极的心态和不断追求进步，是每个人都能掌握的长寿秘诀。

——张展晖　精力管理体系创始人

这本书将打破你对变老的一些基本假设。贝卡·利维是世界上最重要的老龄心理学专家之一，她分享了严谨、非凡的证据，证明保持身心健康的最佳方法之一，就是重新思考你对成为一个老年人的刻板印象。

——亚当·格兰特　宾夕法尼亚大学沃顿商学院教授

这本书带给我们思考变老问题的范式的革命性转变。贝卡·利维博士开创了一个新的研究领域，揭示了我们的心态和信念如何以无形但强大的方式影响我们的行为、我们的恢复能力和我们的寿命。通过前沿科学知识和令人难忘的故事，她分享了一种全新的年龄观，它将改变我们的衰老方式。本书引人入胜、鼓舞人心、感人至深，是通往健康老龄化社会的一把宝贵的钥匙。

——艾丽莎·伊帕尔　加利福尼亚大学教授，畅销书《端粒》作者

在这本颇具开创性的书中，利维博士用令人惊叹的科学见解、引人入胜的故事和简单易用的工具，为我们提供了一种全新的变老方式和长寿方法，让任何年龄段的读者都能从中受益。

——詹姆斯·C. 阿普尔比　美国老年学学会 CEO

译者序

我正在挪威愉快地玩耍，编辑来信说，万事俱备，只欠译者序。于是，趁着等候奥斯陆夕发朝至卑尔根的火车的空闲，我钻进车站对面的奥斯陆公共图书馆寻找写作灵感。路过一排书架时，一本名为《一万种时间掠过》的中文书吸引了我的目光，这是挪威插画家莉萨·艾萨托的作品，我读到最后发现书名指向的是老年："一万种时间掠过，又镌刻在身体里。"这句话当场击中了我，它诗意而又精确地表达了我翻译和阅读本书，以及近些天酝酿序言时的核心感受。

记得去年翻译本书期间，有一回和办公室新来的"00后"实习生志伟吃饭，志伟谈及即将大学毕业不知人生走向的迷茫，我说："我二十多岁的时候遥想自己十年后如何如何，也会很惶恐，但我现在三十多岁了，一点儿都没有老了十岁的伤悲，也完全不会回过头去羡慕我的青春，因为现在的我通过时间所积攒的人生阅历和体验，也包括弯路和挫折，是十年前的那个我不曾拥有的，他不会有我这般通透，他也不可能在十年前就像我现在一样通透。请把自己交给时间。"

这次身心舒爽的挪威之旅，途中，我总会想起八年前第一次造访纽约的经历：启程前认真做攻略，用五颜六色的 Excel 表排好满满当当的一周行程，一路下来当然很充实，也给我不少观念上的冲击，但日后回忆起来，首先想到的却是累和赶，比如老是惦记着这家博物馆只能逛两小时，三点钟要转场去另一家，大都会艺术博物馆更是大到逛一整天都没看完，等晚上连轴赶到大都会歌剧院看安东尼·明格拉导演的《蝴蝶夫人》时，眼皮子止不住地打架。

与纽约之旅形成鲜明对比的是，此次挪威之旅约等于一次说走就走的旅行：我没有提前规划行程，心里大概有数是奔着蒙克去的，住进酒店才开始查资料，每晚睡前根据天气、时间和距离等因素灵活安排第二天的行程。奥斯陆的挪威国家博物馆和蒙克美术馆我各到访三次，静静地坐在蒙克厅里细细欣赏《桥上的少女》，而不是只给它分配几十秒的时间，不再像参观大都会艺术博物馆那样走马观花逛到精疲力竭。在卑尔根艺术博物馆看完蒙克，我回酒店洗个澡，美美睡了三小时，晚上十点再神清气爽地登山看绝美日落，午夜时分又在港口感受蒙克笔下的夏夜星空。

要言之，我的旅行观从煞有介事的"应该体验什么"转向了随心而动的"我想体验什么"，从"什么都想要"的年轻气盛转变为"我选我想要"的从容不迫。同样是一周的时间，也没花更多的钱，得到的却是更滋润、更沉浸、更圆满的旅行体验，以及人生阅历和知识素养更丰富之后带来的深刻思考与感悟。如果这个状态能在首次造访纽约时就具备，它带给我的人生影响该有多么大啊。再一次地，不存在这个如果，优雅的答案是靠时间换来的，唯有年龄的增长才能让人更智慧，我们应该在自己的每一个年龄都热爱当下的自己。

熟悉我的读者大概已经在嘀咕我怎么还没开始介绍本书的精彩内容。我之所以大谈个人感受，正因为在我一遍又一遍翻动这本书的过程中，给我留下印象最深的莫过于一个又一个鲜活的人物和故事。我太渴望用我的感想和故事来回应作者，同时也把我的一点智慧分享给读者。有读者要用批判性思维敲打我了：个案是不足以作为证据的！确实如此，如果撇开那些故事，则本书全然基于身为心理学家的作者几十年的实证研究，通篇引用了大量的实验证据和统计数据，留待读者自行揣摩，或者根据书末的参考文献检索研究详情。

然而，正如作者在本书后记末尾特地提到的："……我在写作这本书的过程中逐渐意识到的另一个真理。作为一个科学家，我曾经认为理解世界的最佳方式是通过优雅的图表或强大的统计检验。……虽然科学帮助我们发现世界是如何运作的，但故事才是我们理解世界的方式。"对此我感同身受。对于老龄化和年龄歧视这种多维度的复杂议题，了解相关的科学知识和原理固然重要，但更为春风化雨、掷地有声的，是建立在科学基础之上那些传奇老者的人生故事，鲜活的故事最能慰藉和鼓舞人心，从而推动社会的改善。

就像书中很多受访者的积极年龄观念都源自家族老年榜样的影响，在翻译和咀嚼本书的过程中，我也越发清晰地意识到，我自身所抱持的积极年龄观念，很大程度上也是从小在家耳濡目染来的。我的奶奶直到九十岁仍然精力充沛、思维活跃，做家务是日常锻炼，搓麻将是日常消遣。从小就被家里人津津乐道的一个段子是，我四岁时在饭桌上对家里人说，奶奶七十多了还在烧火做饭，那应该由我来收桌洗碗。我的家家（外婆）七十多岁时生重病切除了胃部，医生说乐观的话最多活半年，家家却跟个没事人似的照旧在家干活，我从未见她面露过痛苦，她就这样闲不住地多活了十年。试问，家里有这样两位平凡而伟大的老人相伴，我怎么会对变老感到焦虑甚至恐惧呢？

但我显然是个个案。环顾四周，来自广告和媒体的渲染，还有职场的竞争与压力，都让年龄焦虑的空气越发浓厚，年轻受到追捧，年龄成为负担。虽然作者在本书中一再以深受儒家文明濡化的中国和日本作为尊老敬老的正面教材，但更应该引起我们正视的是，随着高速现代化和城市化，加之法律和权利意识上的相对滞后，我们的社会上也蔓延起年龄歧视，频频登上热搜的"35岁失业"话题即为一例。正如本书一再提到的，尽管我们现在还没老，但我们并不置身事外，都有可能成为年龄歧视的受害者。

因此，本书不仅仅是写给老年人的，也是写给我们所有人的。只有大家都来关注老龄化和年龄歧视的议题，社会才能向更健康包容的方向发展。对此，作者在最后两章以及附录里给出了翔实中肯的建议和指导，而关键在于行动，"每一个意识到年龄歧视并决定反击它的人，都是一个离新的现实更近一步的人"。从坚实的科学证据，到生动的个体故事，再到系统的行动指南，本书在这三个层面做到平衡兼顾并环环相扣，实在是一本难得的社会倡导性佳作！

我还必须提出一点保留意见。本书作者更多是身为美国人对美国社会存在的年龄歧视进行批判并呼吁改善，为此，作者似乎有意无意地忽视了那些与美国文化相对的，更为传统或集体主义的尊老文化背后的另一面。在我看来，与尊老相伴的家长制、等级观念，以及相对应的平等意识缺乏和对自由活力的抑制，都是我们的文化中持续存在并需要改善的问题。每一种文化都有其难以分割的一体两面，想要尽去其糟粕只取其精华往往是做不到的。如何通过不同文化的互鉴，创造出一个更加和谐友好的社会，让各年龄段的人都身心舒畅，且待有心的读者去思索吧。

最后，我要将这部译著献给我的家家爹爹（外公），老人家如今已过鲐背之年，精神矍铄，是吾辈之楷模。

喻柏雅谨识

2024 年 7 月 13 日

美国与日本的迥异观念

在研究生读到一半的时候，我有幸赢得了美国国家科学基金会的奖学金，在日本生活了一个学期。此行的目的是调研日本人的变老过程，以及他们对老龄化[○]有什么不同于美国人的看法。我知道日本人的寿命是世界上最长的。¹虽然许多研究人员将此归结为健康的饮食或遗传差异，但我想知道是否还存在一个让他们长寿的心理维度。

在离开故土飞往日本长住 6 个月之前，我去佛罗里达州看望了祖母霍尔蒂。我刚下飞机，她只看了我一眼，就说道："你需要维生素。"她确信研究生院的生活和波士顿沉闷的天气已经让我疲惫不堪，于是我们去买了她所指的维生素——我们要买光杂货店里的橙子和葡萄柚。

祖母霍尔蒂是个打高尔夫球的好手，而且作为曾经的纽约人，她酷爱步行，要跟上她的步伐并不容易，她在商店里大步流

○ 对于本书"aging"一词的翻译，在中性和学术语境中译作"老龄化"，指的是老年人随年龄变老的过程；在日常的口语语境中译作"衰老"，通常带有贬义。——译者注

星地寻找着想买的水果，突然翻倒在地上。我冲过去，把她扶起来，惊恐地发现她腿上有一道伤口正在淌血。

"没事儿。"她咬着牙向我保证。她甚至挤出一个微笑，始终保持着隐忍和坚强。"你应该看看'另一个人'。"她开玩笑说。

"另一个人"就在我们脚边上：一只四角用锋利的锯齿状金属加固的木制板条箱，一个角正滴着血。我们放下了购物筐，我帮助祖母拾掇从她手提包里散落到地板上的各种物件。

离开时，她找店主理论。她摔倒时，店主听到动静抬头看了一眼，然后继续在柜台边阅读小报。

"你不应该把板条箱放在杂货店中间，"祖母极其礼貌地告诉他，"我差点儿就受伤了。"血液顺着她的小腿滴落下来。

店主看了看她，又看了看过道中间的板条箱。"那啥，也许是你不该到处走动，"他冷冷地说，"老人们总是摔倒，这不是我的错。所以不要总是责备我。"

霍尔蒂差点儿惊掉了下巴。至于我，我真想从柜台上一把夺过他的小报，但我只是瞪了他一眼，然后把我奶奶迎进车里。我顾不上霍尔蒂的反对，直接带她去看了医生。医生说，她的腿没有大碍，那只是一个看着很夸张、实则很浅的口子。他还说，她看起来其实相当健康。

我以为事情就这样结束了，但那天下午发生了一些重大变化。当晚，霍尔蒂让我给她的牛油果树浇水，她通常喜欢自己动手的。第二天，她告诉我她觉得自己开不好车，让我带她去理发。她似乎在应验着杂货店店主的话，并以一种从未有过的方式扪心自问着身为一个老年人的能力。

　　幸运的是，到我要飞往日本的时候，霍尔蒂已经从由年龄歧视引发的畏惧中走了出来。在我出发的前一天早上，她坚持要带我来一趟轻快的远足，让我在乘坐长途飞机之前伸展一下腿脚。当我们回来时，她递给我一份手写的餐厅推荐清单，这是她 20年前与我祖父一起访问日本时留下的。

　　但是，当我向霍尔蒂挥别，即将飞往东京时，我不禁在想：**如果几句消极的话语就能影响到像霍尔蒂这样身强体健、精神矍铄的人，那么消极的年龄刻板印象对我们整个国家的人会有什么影响呢？它们有什么威力能确实改变我们变老的方式？如果要改变我们思考和谈论老龄化的方式，我们又能有什么力量呢？**

东京的老龄化摇滚明星

　　当我逐渐融入东京的新生活时，我的思绪经常飞回祖母霍尔蒂身边，回忆起她在佛罗里达州傍晚凉爽的暮色中给牛油果树浇水。我想知道她会如何看待这里，一个百岁寿司大厨长期在电视上受到欢迎，年长的亲属在吃饭时被优先招待的地方。

　　我在日本的时候，遇上了一个全国性节日"敬老日"。那天，我穿过新宿公园，路过一群举重运动员，他们有的没穿上衣，有的穿着紧身衣，都是七八十岁的人，阔步环行，举重若轻，向路人炫耀着他们匀称的身材。在这个节日里，全国各地的人们乘坐高铁、轮船和汽车在日本各岛之间穿行往返，为的是回家看望他们的长辈。这一天，餐馆会为老年人提供免费餐食，学童们会为那些行动不便的人准备并送上装满新鲜寿司和精致天妇罗的便当。

敬老日虽然只有一天，但显然日本人每一天都在这样做。音乐课上挤满了 75 岁的老人，他们生平第一次尝试玩滑棒电吉他。报刊亭摆满了五颜六色的漫画，这些是面向全年龄段读者的流行漫画书，讲述着老年人的爱情故事。日本人把老年当作一种享受，一种活着的事实，而不是恐惧或怨恨的对象。

美国的文化图景不同于日本。这不仅仅体现在我祖母与有年龄歧视的店主的互动，而是简直无处不在：皮肤"减龄"方案的广告牌，本地整形外科医生的午夜广告仿佛见到敌人似的在谈论皱纹，老年人在餐馆和电影院忍受着对待幼儿般的问候。我在电视节目、童话故事和网络中目睹的这一切，都把老年与健忘、虚弱和衰退联系在一起。

在日本，我清楚地认识到，我们所处的文化影响着我们变老的方式。以更年期为例。我了解到，日本文化通常不会对更年期大惊小怪，只把它当作老龄化的一个自然组成部分，由此进入一个宝贵的生活阶段，而不是把它当作女性烦躁易怒、性欲减退的西式刻板印象的素材，将更年期视作一种中年人的烦恼。与北美的同龄人相比，日本人不太可能对作为老龄化自然组成部分的更年期进行污名化，这样做的结果是什么呢？与美国和加拿大的同龄女性相比，日本年长女性出现潮热以及其他更年期症状的可能性要小得多。[2] 根据主持一项研究的人类学家的结论，日本年长男性的睾酮水平要高于欧洲同龄人，他们在文化上受到"像他们国家的摇滚明星般"的对待。[3] 这表明你的力比多（性力）年龄的高低，取决于你所在的文化感知和对待老龄化的方式。

我想知道文化对个体的年龄观念，即我们对老年人和变老的看法有多大影响。我很好奇，这些个体观念在多大程度上反过来影响了老龄化过程。日本人的年龄观念是否有助于解释为什么他们的寿命是世界上最长的？

我读研究生是为了研究社会心理学，这是一门研究个体的思维、行为和健康如何被他们所处的社会、他们所属的群体和所交往的群体影响的科学。我想关注老年人的体验，他们被排除在大多数心理学研究之外。现在摆在我面前的难题，是如何测量无定形的文化对我们确切的生命机理的影响。

年龄观念对老年健康的影响

我回到波士顿后，开始测试文化年龄刻板印象对老年人的健康和生活的影响。在我进行的一项又一项研究中，我发现，与对老龄化持有更消极感知的老年人相比，那些持有更积极感知的老年人在身体上和认知上都表现得更好；他们更有可能从严重的残疾中恢复过来，记忆力更好，走路更快，甚至更长寿。4

我还得以证明，许多我们认为与变老有关的认知和生理挑战，比如听力损失和心血管疾病，也是我们从社会环境中吸收的年龄观念的产物。我发现，对于携带可怕的阿尔茨海默病基因APOE ε4 的人来说，年龄观念甚至可以作为痴呆加剧的缓冲剂。

这是一本关于我们如何看待老龄化，以及这些观念如何在大大小小的方面影响我们健康的书。它是为所有希望安享晚年的人写的。在全书中，我还会剖析消极的年龄刻板印象：它们是如何在我们脑中形成的，它们是如何运作的，以及它们是如何被改变的。虽然这些刻板印象已经在我们的文化中发展了几百年，并融入了每个个体的一生，但它们实际上是很脆弱的：它们可以被削掉、被改变、被重新塑造。

在我的耶鲁大学实验室里，只需花上 10 分钟，我就能够通过激活积极的年龄刻板印象来改善人们的记忆表现、步态、平衡感、速度，甚至是生活意志。在这本书中，我将向你展示启动技术，即在人没有意识到的情况下激活年龄刻板印象，是如何起作用的，它反映出我们刻板印象的无意识本质，以及我们怎么会强化我们对老龄化的观念。

有了正确的观念模式和工具，我们就可以改变我们的年龄观念。但是，要触及观念的源头，就需要改变年龄歧视的文化。为了更好地了解我们是如何走到这一步的，以及还有哪些可能性，我们会研究世界各地和整个人类历史上的各种其他文化。我们会分析成功老龄化的故事，访问运动员、诗人、活动家、电影明星、艺术家和音乐家的家园，了解他们的人生与看法。我们会研究如何改变我们的文化，并学习如何使老年人更好地融入我们的社区，从而带来更多的集体健康和财富。

根据人口统计，我们正处于一个十字路口。现在是有史以来第一次，世界上 64 岁以上的人口多于 5 岁以下的人口。[5] 一些政治家、经济学家和记者正在为所谓的"银发海啸"惴惴不安，他们并没有抓住重点。如此多的人正在经历老年生活，并且是在更健康的状况下经历，实乃人类社会最伟大的成就之一。这也是一个难得的机会，让我们重新思考变老的意义。

在杂货店遭遇老龄歧视之后过了许多年，祖母霍尔蒂去世了，我和家人们聚在一起颂扬她平凡又非凡的一生。她活过了 20

世纪的大部分时间，既见证了 20 世纪的进步，也目睹了 20 世纪的暴行。

即使在养大了我父亲又照顾完我祖父（他在阿尔茨海默病奇怪又可怕的重负下渐渐消逝）之后，她也始终活得无比充实。在八九十岁的时候，她旅行、打高尔夫，和朋友们一起远足。她还举办精心设计的化装舞会，在写给我们的信里，流露着她令人难忘的个性，既果敢又机智。

当我收到她的信时，仿佛她就和我一起坐在房间里。在她生命的最后十年，她和我父亲经常会打开电视观看同一场抓人眼球的庭审，他们同时会在电话中谈论这场庭审。虽然我父亲住在严寒阴冷的新英格兰，而祖母住在温暖潮湿的佛罗里达，但他们好似一起坐在客厅里，闲聊着哪个律师在讨好法官，谁的领带看起来最呆板。

祖母霍尔蒂从来不会让你忘记她的存在，所以当她去世后我们整理她的遗物为它们寻觅新家时，我们能感到她音容宛在。特别是她家地下室，证明了她的生活的丰富多彩。祖母霍尔蒂开始照顾我祖父之前，和祖父埃德用了几十年时间参观世界各地并收集纪念品。我认为她家地下室是一个充满奇迹的洞穴。那里有古旧的法国香水瓶，有来自意大利和印度尼西亚的精美丝滑的围巾，有来自摩洛哥的精致雕花小盒。在这一切之中，还有一扇小型的日式折叠屏风。屏风是用障子纸制成的，上面画着一棵盛开的樱花树。屏风上有一张写着我名字的便利贴。我记得祖母霍尔蒂曾经告诉过我，有一次我向她坦陈我有时坐下来写作需要花点时间来集中注意力，而西格蒙德·弗洛伊德会用一扇屏风把自己与世界隔开来召唤他的注意力，于是她写了这张便利贴。她留给我这扇屏风，让我很感动，我想起了自己第一次去日本，想起了她摔倒的那个场景。

祖母去世后不久，我做出了一个惊人的发现。我对俄亥俄州牛津市一个小镇的居民的生活和观念做过研究，在分析研究数据时我发现，决定这些居民长寿的最重要的一个因素是人们如何思考和看待老年，它比性别、收入、社会背景、孤独或功能性健康都要重要。[6] 结果表明，年龄观念可以让你的寿命减少或增加将近 8 年。换句话说，这些观念并不只是存在于我们的脑子里。无论好坏，那些作为我们文化食粮的心理映像，无论是我们看的节目，我们读的文章，还是我们听的笑话，最终都会成为我们付诸行动的脚本。

当我第一次揭开这个关于长寿的发现时，我想到了祖母霍尔蒂，直到 92 岁去世前，我们一家有她相伴是何等幸事。我想到她是何其幸运地以她的方式来对待老龄化，我还想到这些额外岁月是一种赠予，以及它是从何而来的。是不是因为霍尔蒂在晚年对生命的欣然接纳，我们才和她多待了七八年的时光？如果存在一个老有所为的配方——一个系统或方法——年龄观念会是其中一部分。

我们的生活是我们无法控制的许多不同因素的产物：我们出生在哪里，和谁生活在一起，我们的基因里有什么，以及什么意外会降临在我们身上。我感兴趣的是找出那些我们能够控制的因素，从而改善我们的老龄化体验和健康。其中一个因素是我们对老龄化的思考方式和对生命周期的构思方式。这就是本书的全部主题：作为个体和社会，当我们变老时，我们如何能够改变我们对自己和身边的人的想法，从而享受这种变化带来的裨益。

目录

1

我们大脑中的年龄图景

太多时候，我们没有意识到我们的
年龄观念是文化偏见而非科学事实的产
物。我们忘记了，我们的健康只有 25%
是由基因决定的。

每年秋天，耶鲁大学的健康与老龄化课程开课时，我都会请同学们列出在想到一位老年人时他们脑海中最先出现的五个词或短语，这位老年人可以是真实的或者想象的。"不要想得太多，"我告诉大家，"答案没有对错之分。只要写下你脑海中突然联想到的任何词。"

现在就试试吧。当你想到一位老年人时，你脑海中最先出现的五个词或短语，把它们写下来。

写好之后，看看你的清单。其中有几个是积极的？几个是消极的？

如果你跟大多数美国人一样，你的清单中很可能至少包括一两个消极的词。波士顿郊区一位79岁的小提琴制作者罗恩的回答是："老迈、迟钝、病恹恹、暴躁、固执。"再来看一位82岁的中国女士碧玉，她从原来的工作单位铅笔厂领取养老金，她的回答是："智慧、喜欢京剧、给孙辈读故事、经常散步、善良。"

这两种冲突的看法反映了不同文化中主导的年龄观念，这些观念决定了我们如何对待我们的年长亲属，组织我们的生活空间，分配卫生保健，以及塑造我们的社区。最终，这些观念也会决定老年人如何看待自己，他们的听力和记忆力的好坏，以及他们的寿命的长短。

大多数人没有意识到自己对老龄化有成见，其实任何地方的任何人都会有成见。不幸的是，今天世界上流行的大部分文化年龄观念都是消极的。[1]通过考察这些观念，追溯它们的起源，还有它们是如何运作的，我们将找到一个原因，不仅可以改变关于老龄化的叙述，而且可以改变我们变老的方式本身。

什么是年龄观念

年龄观念是我们期望老年人基于年龄如何行事的心理图谱。这些心理图谱通常包括我们脑海中的图像，当我们注意到相应群体的成员时，就会被激活。

顺便说一下，当我谈到"老年人"时，我通常指的是年龄 50 岁以上的人，但实际上并没有固定的年龄界限。我们觉得自己有多"老"，通常是基于一些文化线索，比如有资格获得"老年折扣"或养老保险金，或者被催促着退休，而不是基于具体的岁数。实际上，不存在某个单一的生物标志物可以确定一个人何时进入老年，这意味着老年是一个带有流动性的社会构念。这就是年龄观念和与之关联的期望缘何如此强大的原因之一，是它们定义了我们如何体验我们的晚年生活。

在许多情况下，期望是相当有用的。当我们遇到一扇关着的门时，根据以往的经验，我们会预期它要么锁着，要么没锁。我们通常不会考虑，如果扭动一下把手，这扇门是会倒下还是会爆炸。得益于我们的大脑有这种快速、直观、自动处理情境信息的能力，我们才不需要重新学习门的工作原理。取而代之的是，我们可以依靠我们已经知道的事物来熟悉未知的事物。我们每天差不多都是这样度过的：产生期望，然后依靠期望。

虽然年龄观念是对人的期望，而不是对门的期望，但它们的运作方式是类似的。它们像大多数刻板印象或心理捷径一样，是自然的内部心理过程的产物，在我们还是婴儿，需要对外部世界大量刺激进行分类和简化的时候就开始了。但它们也是外部社会信息——比如学校教育、电影、社交媒体以及在这些领域出现的年龄歧视——的产物。

普遍却无意识的偏见

刻板印象经常是无意识地出现的。我们的大脑在我们意识到之前 10 秒钟就已经做出了决定。[2] 诺贝尔奖得主、神经科学家埃里克·坎德尔发现，我们大约 80% 的思维都是在无意识中进行的。[3] 当你伸手去抓门把手时，这一切都运作得很好，但是当形成对他人的印象或做出对他人的决定时，这种运作就会出问题。

刻板印象是我们经常无意识地用来快速评估我们同伴的一种方式。然而，很多时候，这些印象并不是基于观察或生活经验，而是不加批判地从外部社会吸收来的。

我们大多数人倾向于认为自己能够相当准确地看待他人。但事实是，我们是社会人，随身携带着无意识的社会观念，这些观念在我们的脑海中根深蒂固，我们通常意识不到自己被它们束缚了。这会导致一种被称为"内隐偏见"的无意识过程，它自动地影响我们喜欢或者不喜欢某些群体。内隐偏见很难减轻，光是接受它就很难，因为它往往与我们有意识的观念背道而驰。另一个复杂的问题是，内隐偏见往往反映的是结构性偏见。

　　结构性偏见指的是社会机构的某些策略或实践，比如公司歧视员工或者医院歧视病人。它经常与内隐偏见交织在一起。对于机构内部来说，歧视可能在管理者或医生没有意识到的情况下发生，因此被认为是内隐的。与此同时，它往往也是结构性的，因为这种歧视加强了当权者的权力，并削弱了被边缘化的群体的权力。

　　为了考察这两种类型的偏见，研究人员让通常自视客观公正的科学家同行来评估男性和女性求职者的简历。几乎在每一种情形中，男性求职者都更有可能被雇用，并拿到比女性求职者高得多的薪水，然而他们的简历除了使用的名字不同（传统的男性名字或女性名字），其他内容完全一样。[4]类似的基于文化的种族偏见也同样存在：研究表明，在简历中加入典型的"白人"标识的求职者比没有这些标识的求职者收到的面试通知要多得多。[5]

　　对年龄较大的求职者也存在同样的结构性偏见和内隐偏见，或者说年龄歧视。一项研究发现，当简历内容完全相同时，雇主倾向于将工作提供给更年轻的求职者。[6]尽管大量研究表明，年长员工通常比年轻员工更可靠、更有技能，但这种雇用模式还是一再出现。[7]同样，当医生对具有相同的症状和康复概率的病人进行个案研究时，与年长病人相比，医生更倾向于建议对年轻病人进行治疗。[8]

　　结构性偏见和内隐偏见之间的界限很模糊。基于文化的结构性偏见会渗入我们的观念，然后在不知不觉中被激活。因此，多项研究表明，不论我们有意识地持有何种观念，我们所有人都存在无意识的偏见。

从跑步中发现的年龄观念

作为一个以研究自我刻板印象为生的人，我自认为不容易受到影响；但显然你认为自己知道的和你实际知道的是有区别的。生活中存在一些时刻，会揭示两者之间令人不适的差异。

去年，我决定参加 5 公里跑，为一个朋友参与的一家慈善机构献爱心。那是一个秋高气爽的周日早晨，我的床特别温暖舒适，于是我一次又一次地摁掉闹钟，很迟才到赛场。当发令枪响起时，我勉强戴上了比赛的号码牌并系好了鞋带。我跑了大约200 米，在跑过一行高耸的榆树时，我听到刺耳的"啪"的一声，我的膝盖后部突然泛起了疼痛。我踉跄了一下，呻吟起来。一个画面立刻出现在我的脑海中：科幻电影《超体》中的一个场景——在走私者将一种危险的药物缝入斯嘉丽·约翰逊饰演的一名女子的腹部后，她的身体部位迅速瓦解成闪光的小点。正如我所联想的，我的身体，我曾经信任和依靠的朋友，正在以同样的方式急剧瓦解，只不过罪魁祸首不是科幻片中的实验药物，而是我的年龄。

我步履蹒跚地走过终点线，对鼓励我参赛的朋友挤出一个苦笑。开车回家后，我一瘸一拐地走进屋子，抱怨我的中年身体过早地屈服于年龄的摧残。我想，我正面临着跑步生涯过早地惨淡收场。

我的丈夫是一名医生，他检查了我的腿，告诉我肌肉被严重拉伤。

这时，我十几岁的女儿插嘴了。那天早上她用着笔记本电脑，看着我匆匆忙忙地出门参加比赛。

她问："你到得很晚，对吧？"

我点了点头。

"你热身了吗？"

我摇了摇头。都已经迟到了，谁还有时间热身？

她笑了笑："嗯，所以你成这样了。"

我们一家人都喜欢跑步。我们都知道，热身活动可以激活肌肉，拉伸和拉长它们，以保护它们不会因拉得太长而撕裂。我的另一个女儿，在不到一个月前，没有拉伸就冲出去跑步，结果拉伤了腿部肌肉。

我就是这样。

我的身体没有突然摔得粉碎，我没有因此而松一口气，反而感到很不安。我本能地将我的受伤归因于没有做热身活动之外的事情，归咎于我的年龄：我的大脑已经自动认为身体会随着年龄增长而散架，即便我并不有意识地持有这一观念。我从读研究生开始就一直在研究老龄化，我比大多数人更应该知道，年龄不是问题。那是什么让我会这么想呢？我从小就通过周遭的文化吸收了消极的刻板印象，并将其具化为对与年龄有关的衰弱的莫名恐惧，这导致我对膝盖的伤痛进行了错误的归因。

这是消极的年龄刻板印象最有害的地方之一：它们不仅影响我们的行动和对他人的判断，还常常影响我们对自己的看法，这些想法如果不加以抵制，会进一步影响我们的感受和行动。

当我开始成为一名社会心理学家时，当时已有的关于年龄刻板印象的研究仅限于年龄观念如何影响儿童和年轻人对老年人的看法和行为。这些研究忽略了年龄刻板印象如何对老年人自身造成影响。后来，抱有年龄歧视的店主对我祖母的消极年龄刻板印象，被我祖母听进去了并表现在行为上，目睹这件事之后，我开始相信，为了减少未来发生这种事的可能性，并想办法利用年龄观念的力量带来好处，我首先需要了解我们对老年人的观念是如何影响我们自己变老的方式的。

文化观念如何成为我们自己的观念

为了更好地理解基于文化的年龄刻板印象是如何影响我们的，我建立了一个名为刻板印象具化理论（stereotype embodiment theory，SET）的框架，提出消极的年龄观念会带来有害的健康效应，而这些效应往往被误认为是老龄化的必然后果。积极的年龄观念则恰恰相反：它们有利于我们的健康。[9]我的研究是基于这对孪生概念的，已经被其他科学家在五大洲进行的四百多项研究证实。[10]

根据 SET，年龄刻板印象如何影响我们的健康，包含四个机制。这四个机制：

（1）自童年期开始从社会中内化，并持续到生命全程。

（2）无意识地运作。

（3）随着它们变得更加自我相关而影响更大。

（4）通过心理、生物和行为途径影响健康。

现在，我将逐一说明年龄观念是如何利用这些相互交织的机制，渗入我们的皮肤，并在我们的生命全程中影响年龄指令的。

SET 机制 1：贯穿生命全程的内化

尽管我们经常假定儿童不会受到成年人消极观念的影响，但年仅 3 岁的儿童已经将他们所处文化中包括年龄在内的刻板印象进行了内化，并足以表达这些刻板印象。[11] 一项对美国和加拿大少儿的研究发现，他们中的许多人已经将老年人视为迟钝和糊涂的。[12] 事实表明，这种分类的倾向甚至更早就开始了：4 个月大的婴儿就能按年龄区分并分类人脸。[13]

我们从我们的文化和社会中吸收了各种消极的刻板印象，我们尤其容易受到消极年龄观念的影响。有 4 个原因导致许多人像海绵吸水一样吸收着这些观念。第一，它们无处不在；根据世界卫生组织的数据，年龄歧视是当今最广泛且最为社会所接受的偏见。[14] 第二，不同于种族和性别刻板印象，我们与年龄刻板印象相遇的时候，我们还要过几十年才会成为它们针对的目标，所以我们很少质疑或者试图抵制它们。第三，社会经常在老年人生活、工作和社交的场所对他们进行隔离；儿童注意到老年人被隔离的这些做法，就会认为这些社会隔离是由不同年龄层之间固有的实质性差异造成的，而不会想到实际原因是掌握权力的人在排挤老年人。[15] 第四，由于我们终生都受到广告和媒体中关于老年人的信息轰炸，这些刻板印象经常得到强化。

SET 机制 2：无意识地运作

正如精神分析学家卡尔·荣格所观察到的："在你把无意识变成有意识之前，它将一直指导你的生活，而你将其称作命运。"年龄刻板印象对我们的健康非常有影响的一个原因在于，它们经常在我们没有意识到的情况下运作。

为了研究渗透在我们文化中的大量年龄歧视的修辞是如何经常影响我们的，我发现激活年龄刻板印象的一个有效方法是在阈下[⊖]呈现它们。在我们的实验中，受试者坐在电脑前，词语在屏幕上以极快的速度闪过，他们要么压根儿看不到，要么只是看到一道光影闪过。这使得人们可以在无意识的情况下进行感知。这些闪过的词有些是积极的刻板印象，如"聪明"，有些是消极的，如"衰老"。随后，受试者执行一系列简单的任务，如在大厅里散步。通过这种方式，我证明了年龄刻板印象会无意识地影响一切，从我们字迹的潦草程度到我们走路的速度。[16]

⊖　阈下（subliminal）即意识阈限以下。低于意识阈限的外部刺激，由于强度太弱，人无法有意识地知觉到，但可能无意识地受到影响，比如产生启动效应，对人之后受到其他刺激而做出的反应造成影响。此处是阈下呈现的词汇对人的步行速度造成影响。——译者注

SET 机制 3：年龄刻板印象的自我相关性

消极年龄观念造成的最坏影响直到我们变老时才会显现，因为这些观念到那时才会获得自我相关性。如果你在 25 岁时把车钥匙放错地方，你可能不会想太多。如果同样的事情发生在你 75 岁时，你可能会担心近在眼前的老迈，毕竟你一生中大部分时间都在吸收关于 60 岁以上的人变得心智失能的刻板印象，即便这种刻板印象并不准确，这一点我们将在下一章探讨。

假想你此刻是一个老人：当你还是个孩子时，听到你的父母抱怨他们的父母健忘，并将其归咎于年纪大了；当你 20 多岁时，这种观念很可能被广告、电影和书籍中有关老龄化的类似信息所强化；当你进入中年时，你开始在心理上将其他人的健忘事例归结为与变老有关；而当你最终自己进入老年时，每次你记不起什么事情，你就把它归咎于老龄化。当你这样假想的时候，你其实正在主动地展现你从小耳濡目染的那些施加于老年人的刻板印象，只不过现在你把这种刻板印象对准了自己。这反过来又会造成应激，从而降低你的记忆力。[17] 在持续占据了你的心智许多年之后，到了晚年，破坏性的年龄刻板印象很可能会让你受到伤害（除非它被本书后面介绍的一些策略所抵消）。

SET 机制 4：年龄观念影响我们的三条途径

年龄观念对健康的影响有心理、行为和生物三种途径。心理途径的一个例子是，吸收了消极年龄观念的老年人往往自尊会变得更低。[18] 最近我收到一位英国老妪的来信，开头这么写道："坦白讲，我为自己的年龄感到羞耻。为什么？因为社会告诉我老龄是可耻的。"

当老年人接受了消极的年龄观念，并对晚年免不了会下降的健康状况产生宿命论的态度时，行为途径就开始发挥作用了。他们有时会减少有利于健康的行为，这样做可以说是雪上加霜。我的团队研究发现，有消极年龄观念的老年人会减少处方药的服用，并减少锻炼。[19] 这种情况可能会发展成一个自我实现的预言：对老龄化的消极观念会导致不利于健康的行为，使健康状况恶化，进而强化一开始的消极年龄观念。

第三条途径是生物途径。我们已经发现，消极的年龄观念可以增加应激的生物标志物，包括皮质醇激素和血液中一种叫作C-反应蛋白（CRP）的物质。[20] 随着时间的推移，应激的生物标志物显示出更频繁且更高的峰值，会造成提前死亡。[21]

这就是你的情况。不幸的三连击。消极的年龄观念就是这样通过我们的文化渗入我们的健康，缩短我们的寿命，降低我们的幸福感。我知道这听起来很糟糕，确实就是这么糟糕。但是这些身体上的表现并非不可避免。消极的年龄观念可以被抵制和扭转，从而带来积极的心理、行为和生物结果。

从施害者到受害者：消极年龄观念的毒害

你也许很难接受年龄刻板印象会对我们的行为和感受产生如此深刻的影响，但不仅仅是年龄观念，其他类型的自我刻板印象也会对我们产生影响。例如，研究表明，当被要求考试前在人口信息表中填写种族信息时，黑人应试者的表现往往比白人应试者差。[22] 然而，当不需要填写人口信息表时，考试成绩并无明显差异。将种族与智力表现联系在一起的刻板印象非常强烈，仅仅要求应试者填写其种族就能产生影响。

另一项研究显示，当女性受试者看到渲染性别刻板印象的真实电视广告时，她们往往会在随后的实验任务中回避担任领导角色，即便这些广告与领导力完全没有关系。[23] 有一个广告的内容是，一位年轻女性在得到一款新的美容产品后变得非常激动，欢快地在床上蹦弹。由此可见，仅仅激活对一个群体的刻板印象，在这个例子中是女性注重外表的刻板印象，就会为其他一系列的刻板印象和联想打开闸门，其中之一就是女性当不好领导。

广告中大量出现的还有年龄刻板印象，其运作方式与种族或性别刻板印象不同，因为它们直到晚年才变得与自我相关。这个过程由于以下事实而变得更加复杂：老年人在进入老年之前，是以刻板印象看待老年人的施害者，而不是受害者，况且自己也没有必要质疑或抵制这些刻板印象。所以当他们进入老年时，往往仍然认同年轻人，而不是他们所在的新群体——老年人。[24]

需要注意的是，年龄观念与悲观或乐观的思维不是一回事。你可能认为积极的年龄观念只是积极思维的一个方面，而消极的年龄观念是消极思维的一种形式。但在我的研究中，我发现年龄观念不同于一般的情绪，比如快乐或忧郁，它会造成一些后果，比如我们对信息的记忆程度或者我们在街区内行走的速度。[25] 也就是说，年龄观念不同于你对自己是个什么人的主观情绪性看法，它切实损害或者改善着你的健康。

一个持有积极年龄观念的两千岁老人

大多数对于群体观念的研究，无论是基于种族、性别、民族或年龄，都集中在消极观念上。相较之下，我长期以来一直对积极观念的潜在益处感兴趣。

以卡尔·雷纳（《迪克·范·戴克秀》的创作人、深受欢迎的史蒂夫·马丁主演电影《大笨蛋》的导演）和梅尔·布鲁克斯（《新科学怪人》与《金牌制作人》的导演兼编剧）为例。雷纳在98岁高龄去世，他一生的朋友布鲁克斯仍然健在，现年95岁。随着年龄的增长，两人都利用了自己积极的年龄观念，较之于男性的平均寿命至少多活了15年。他们在90多岁时仍然非常高产，雷纳写了5本书，布鲁克斯则继续从事表演、编剧和制片工作。他们也相当快乐。几十年来，他们的友谊越来越密切。他俩每天晚上都会在雷纳家吃饭，看益智节目《抢答》，接着再看一部好玩的电影，有时是他们自己的电影，这样一直到雷纳去世。[26]

95岁时，雷纳主演了一部讲述九旬老人生活的HBO纪录片，名为《如果你不在讣告里，就吃早餐吧》。他采访的人（其中包括布鲁克斯）都很有趣，喜欢自嘲，而且很开心。他们将自己的生活描述为高产且充满意义的，并吐槽他们因年老所遭受的社会蔑视。诺曼·利尔在20世纪70年代创作了许多脍炙人口的情景喜剧（包括《全家福》《莫德》和《杰斐逊一家》），他在这部纪录片中告诉雷纳：**"因为我已经 93 岁了，所以我被预期以某种方式行事。我可以摸到我的脚趾这一事实本不应该让大家感到如此惊奇。"**他现在已经 99 岁了，刚刚新创作了一部情景喜剧，演员全都是拉丁裔。

　　梅尔·布鲁克斯和卡尔·雷纳早在几十年前就开始表达他们积极的年龄观念。在我成长过程中，我的父母经常播放他们著名的喜剧小品《两千岁老人》的旧录音，雷纳扮演采访者，布鲁克斯扮演一个两千岁的人，用浓厚且带着困惑的意第绪语口音即兴讲故事和笑话。这个小品的幽默源于这个非常老的人口中那些拿捏得当、罗宋汤地带[⊖]风格的妙语连珠。

　　雷纳和布鲁克斯在 30 岁出头创作这个小品是为了在聚会上逗自己和朋友开心，但他们的喜剧表演也反映并提升了他们的老龄化积极意象。这位两千岁的老人的许多幽默评论都与基于经验的技能有关，这些技能使他能够在混乱的世界中生存。此外，他显示出卓越的记忆力，能够背诵他生平唱过的第一首歌的歌词，这是一首古老的阿拉米语圣咏，恰好听起来就像流行的爵士标准曲《甜蜜的乔治亚·布朗》。这与目前大多数的"衰老幽默"形成了鲜明对比，后者经常出现在单口喜剧和电视节目中，以取笑老年人的思想和身体为乐。[27]

　　⊖　罗宋汤地带（Borscht Belt）位于纽约州北部，历史上曾经是居住在纽约市的犹太裔社群的度假胜地，于是人们用犹太裔喜欢喝的罗宋汤来指代这个地区（有歧视意味）。这个地区由此涌现出一种风格独特的喜剧表演，表演者妙语连珠、善于自嘲，布鲁克斯年轻时就在这个地区表演喜剧。——译者注

改变对年龄的认知

好消息是，我们不是生来就有一套年龄观念，我们接受了这些观念之后，它们也不是根深蒂固的。我们首先看到的是，不同文化之间的年龄观念存在多么大的差异。我发现在中国，当我要求人们描述脑海中出现的第一个描述老年人的词或短语时，最常见的回答是"智慧"，而在美国，人们首先想到的通常是"记性不好"。

我们还知道，年龄观念是可塑的，因为它们在历史上一直在变化，而且我在研究中能够将它们从消极转向积极。[28]在本书中，我们将探讨这些文化差异，以及年龄观念的历史性和实验性转变。此外，根据这些模式，我们将提出一个改善这些观念的策略。

年龄观念的深远影响

年龄观念几乎影响了我们生活的所有方面，包括获得卫生保健和工作机会。因抑郁症而去找心理健康专家的老年患者几乎不太可能得到充分的治疗，因为专家们普遍认为，抑郁症是老龄化的正常组成部分。[29]这并不只是对心理健康做出的假定，而是对老年患者的全面摒弃，认为他们不值得被照顾。

老年医学专家路易丝·阿伦森（Louise Aronson）分享了一个故事。在美国一家大型医院的会议上，医生们正在讨论从附近养老院送来的一个老年患者的复杂病例。会议进行到一半时，其中一位医生——一位科室主任站了起来，提出他有一个解决这个复杂病例的办法。

"我想出来了。我们只需要让养老院离我们的医院有 100 公里远。"

大家都笑了起来。基本的假定是，治疗老年患者是对时间、护理和金钱的浪费。阿伦森补充道："如果针对女性、有色人种或性少数群体说这种话，会有人震怒。而针对老人，却没有人震怒。我真想哭一场。"[30]

消极的年龄观念在就业市场也甚嚣尘上，68 岁的美国人只有三分之一仍然得到雇用，[31] 部分原因是人们假定老年员工效率低下，需要被清退。Facebook 所有员工的年龄中位数是 28 岁，Google 是 30 岁，苹果是 31 岁。[32]

是只有年轻人能够胜任科技公司的工作，还是该领域充斥着消极的年龄观念？我们应该问问沙因贝格（JK Scheinberg），这位传奇的苹果工程师负责公司的高级机密 Marklar 项目，该项目将苹果的处理器换成了英特尔，并使 MacBook 取得了今天的巨大成功。在苹果公司工作了 21 年后，50 多岁的沙因贝格决定提前退休，但很快发现自己越来越感到无聊和烦躁。他认为有一个使自己变得有用的简单方法，于是在当地苹果店的天才吧申请了一份兼职工作，他的面试官告诉他，他们会与他联系。他从未收到他们的消息。沙因贝格认为，这是因为他是面试时年龄最大的候选人，大了足足几十岁。[33]

消极的年龄观念是所有类型的内隐偏见中最容易被容忍的。

他们把老年人赶出了充满活力的社区、诊所和劳动力市场，原因完全在于年龄。

老龄化是一个生物学过程，但它并非独立于我们对老龄化的观念和做法，只存在于某种严格的生物学维度中。太多时候，我们没有意识到我们的年龄观念是文化偏见而非科学事实的产物。我们忘记了，我们的健康只有 25% 是由基因决定的。[34] 这意味着我们的健康四分之三是由环境因素决定的，而其中许多因素是我们可以控制的。我的研究表明，可控因素之一就是年龄观念。

在本书前几章，我将介绍关于年龄观念的科学发现，还有包括艺术家、电影明星和运动员在内的各种人的故事，用以说明这些观念是如何影响我们的健康、生命机理、记忆和总体幸福的。在本书的后续篇幅，我将分享基于证据的策略，以帮助你利用年龄观念的强大力量，并通过有助于你、你所爱的人以及我们生活的世界的方式来对抗结构性年龄歧视。

2

老年人的好记性

关于记忆的真相是，随着年龄的增
长，不同人的脑功能表现出巨大的差异。
神经可塑性，即大脑保持灵活并长出新
的神经连接的能力，长期以来被认为是
年轻大脑的特性，而越来越多的研究显
示，实际上在整个老龄化过程中神经可
塑性都在持续。这表明，人们普遍持有
的"随着我们变老，大脑不可避免地会
退化"的刻板印象是错误的。

有时记忆会出现短路。你突然记不起刚看的电影中的英雄的名字，或者走进一个房间拿东西却忘了要拿什么。这是一种令人懊恼的精神状态，它会发生在每个人头上。我们经常用"长者时刻"（a senior moment）来形容这种恼人的记忆短路。明明这种情况可以发生在任何年龄，为什么要说成"长者时刻"呢？

这个说法最早出现在《罗切斯特民主党人纪事报》1997年的一篇文章中，一位专栏作家引用一位正在度假的老年银行家的话，他记不清自己正在打的网球比赛的比分。[1]从那时起，这种表达方式先后在美国及美国以外地区成为流行语。[2]当我在其他国家进行演讲时，我有时会问听众是否听过这个说法，房间里的所有人都会很快举起手来。

现实情况是，这些"时刻"与"长者"或老龄并不存在特定的关系。记忆短路现象由来已久。将近150年前，"美国心理学之父"威廉·詹姆斯将这种现象描述为脑海中"剧烈活动"的沟壑，"一个名称在脑海中若隐若现，在某个特定的方位向我们招着手，有时我们感觉自己就要够到它了，却还是与心心念念的它失之交臂"。[3]显然，老年人并不是唯一受到偶尔的记忆短路打击的群体，因此"长者时刻"这个没有恶意甚至听上去很可爱的说法其实是一个完美缩影，反映出年龄歧视所隐含的机制和造成的影响：它给一个复杂且具有可塑性的过程（记忆）披上了伪科学的合法外衣，从而将一种各年龄层普遍存在的焦虑包装成一个消极的观念，强加于超出某个年龄的每一个人。

关于记忆的真相是，随着年龄的增长，不同人的脑功能表现出巨大的差异。神经可塑性，即大脑保持灵活并长出新的神经连接的能力，长期以来被认为是年轻大脑的特性，而越来越多的研究显示，实际上在整个老龄化过程中神经可塑性都在持续。这表明，人们普遍持有的"随着我们变老，大脑不可避免地会退化"的刻板印象是错误的。[4]

正如我们即将探讨的，在晚年生活中，有些形式的记忆得到了提升，比如语义记忆，即对一般知识（如苹果的颜色）的记忆；有些形式的记忆保持不变，比如程序性记忆，即对如何执行常规行为（如骑自行车）的记忆；有些则减退，比如情景记忆，即对在特定时间和地点发生的具体经历（如在昨晚的风暴中看到闪电划过屋顶）的记忆。[5]这最后一种类型的记忆，原先被认为对所有老年人来说都会减退，但其实通过干预可以得到改善。[6]好吧，你可能会问，既然某些人群在某些时候会出现某种形式的记忆减退，这不正说明了"长者时刻"一词的合理性吗？事实则是，记忆短路可能发生在任何年龄，而我们的大脑在晚年形成新的连接，可以补偿这些偶尔的记忆减退。

简而言之，导致某些形式的记忆减退的原因并不必然是老龄化本身，而是我们面对和思考老龄化的方式：是我们的文化在告诉我们如何变老，我们又在告诉自己如何变老。

积极年龄文化与记忆成就

在我职业生涯的早期，我想知道文化和年龄观念在晚年的记忆模式中扮演了什么角色（如果有的话）。正如"长者时刻"一词的流行所表明的，记忆减退是北美和欧洲最普遍的老年刻板印象之一。[7]我从日本回来后，在开展的第一批研究中，考察了这类刻板印象是否会影响记忆表现。[8]我选择了三种具有不同年龄观念的文化群体作为研究对象：美国聋人、听力健全的美国人和中国人。[9]

为什么选这三种特定的文化？我选择中国文化是因为它的儒家价值观，两千年来一直强调孝道和尊老，这在中国当代生活中留下了重要印记。今天，多代同堂的中国家庭，通常由年长的成员主导，这是一种常态而非例外，老人常常得意地谈论他们的晚年生活。[10]

至于美国聋人社群，我是在研究生阶段开始欣赏这种文化的，当时我第一次从人类学家盖琳·贝克尔（Gaylene Becker）的书中了解到他们所持有的积极年龄观念。[11]在聋人社群中，老年通常是一个热衷社交、表现活跃、相互依赖的人生阶段。这主要是由于聋人社群往往是代际关系。90%以上的聋人是由听力健全的父母所生，所以当年轻的聋人遇到年长的聋人时，他们往往会对后者产生敬佩之情，并和这些与他们有共同身份的榜样形成紧密的联结。[12]因此，聋人社群中充满了积极的年龄刻板印象，其年长的成员通常自我感觉良好，并与同伴们形成了密切的人际关系。贝克尔解释道："在我的实地调查过程中，我看到老年聋人的互动中一再出现一种模式：当这些个体处在一群聋人中时，他们健谈、自信、外向、放松。"[13]

为了进一步了解聋人文化，我报名参加了本地社区中心开设的美国手语班。授课的是一位年长的聋人，他的手势有如一支优美的舞蹈。有一天下课后，我鼓起勇气问他是否可以谈谈对老龄化的看法。谈话结束时，他同意帮助我从波士顿聋人俱乐部的各代人中招募聋人受试者。

我还从波士顿的一个老年中心和一个青年组织招募了年老和年轻的听力健全的美国受试者，并从北京一家铅笔厂招募了年老和年轻的听力健全的中国受试者，厂里的员工大多是年轻工人，退休的老员工则每个月会来领他们的养老金。

通过选取来自这三种文化的受试者，我能够排除对我可能发现的任何重要记忆模式的其他解释因素，比如语言。如果我只比较美国健听人和美国聋人受试者，一种可能的解释是聋人受试者在多年使用手语的过程中形成了记忆优势。如果我只比较中国健听人和美国健听人，一种可能的解释是由于中国人使用的是象形文字而非字母文字，他们的记忆力本来就更好。但是，通过把美国聋人和中国健听人都包括在内，我们就可以聚焦于两种文化所共有的一个特定因素：普遍存在的积极年龄观念。

我设计这项研究来测试情景记忆——认知专家经常声称会随着年龄增长而减退的一种记忆形式。[14] 当你在一个特定的视觉空间环境中记住一个人或物体时会用到情景记忆，比如你在开车进入国家公园时注意到拐角处有一个带有弹孔的禁止狩猎标志。

为了测量受试者对老龄化的态度，我首先要求他们做上一章提到的"老龄化形象"练习，说出想到一个老年人时首先进入脑海的五个词或短语。受试者接下来做了"老龄化迷思"测验[15]，其中包括 25 道关于老龄化的是非判断题，比如"老年人抑郁比年轻人抑郁更常见"和"老年人通常需要更长的时间来学习新事物"。受试者对这些说法的判断使我能够衡量他们对老龄化的偏见程度。（顺便说一句，以上两个说法都是错误的。）

我遇到了一些文化挑战。例如，答案翻译成英文后，我难以判断某些来自中国受试者对"老龄化形象"的回答是积极的还是消极的，因为其中有许多答案是基于特定的文化，像是"能够组织群众"和"为社会发挥余热"。幸运的是，我的助手是在中国长大的，能够对答案的积极性和消极性进行评判（结果表明上述两个答案是相当积极的）。

虽然我们不是在测试一种新的记忆药物，但结果却同样改变了人们的心智。在老年受试者中，美国健听人组表达了最消极的年龄观念，并在全部四个记忆任务中表现较差；而中国老年人组，这个拥有最积极的年龄观念的群体，在所有方面都表现最好。我惊奇地发现中国老年受试者的表现与中国年轻人一样好。换句话说，如果你是一位中国老年人，你可以期望自己的记忆力大体上和你的孙辈一样好。美国老年聋人受试者的年龄观念比美国老年健听人更积极，他们的表现也要好得多。与老年受试者相比，年轻受试者在所有三个文化群体中的表现都差不多，这是说得通的，毕竟他们的年龄观念还没有与自我进行关联，不会对他们造成影响。[16]

文化观念与老年受试者的记忆分数之间存在非常强的关联，原因之一是中国文化和美国聋人文化的老年成员在成长过程中，很少有机会接触到充斥着消极年龄观念的美国主流媒体：美国聋人在成长过程中还没有接触过带隐藏式辅助字幕的电视机[⊖]；中国

　　⊖　隐藏式辅助字幕（closed caption）是由电视节目制作方提供的专为听障人士服务的一种字幕，除了显示对话和台词，还会对节目中的非对话信息进行文字提示。从1993年起，美国官方要求所有在市场上销售的13英寸及以上的电视机都内置隐藏式辅助字幕解码器。——译者注

受试者则在地理和政治上都与美国隔绝；在这两种文化群体的成长过程中还没有出现能够跨越国界传播年龄歧视的社交媒体。不仅如此，包括听力健全的美国人在内，所有三个群体中更积极的年龄观念都与更高的记忆分数相关联。

我们的研究让我认识到，关于老龄化的文化观念强大到足以影响晚年的记忆表现。

建立一座记忆的大教堂

为了更好地了解年龄观念在保持记忆方面所扮演的角色，我拜访了约翰·贝辛格（John Basinger），他是一位 84 岁的退休戏剧演员，住在距我半小时车程的康涅狄格州米德尔敦的大学城。他的妻子雅尼娜（Jeanine）在卫斯理大学教了 60 年的电影研究课，她基本上是该校这门学科的创始人，现在则是该校和好莱坞的标志性人物。虽然约翰的工作和成就与他的妻子不尽相同，但他的功绩在米德尔敦具有同样的影响力。

早在 1992 年，约翰快 60 岁时，他挑战自己背诵约翰·弥尔顿的《失乐园》，这部 17 世纪的抒情史诗，讲述了亚当和夏娃受到撒旦的诱惑，然后被逐出伊甸园的故事。约翰起步很慢，每次在学校健身房锻炼的同时记诵 7 行。他不认为自己能记住整部诗。但是，每当约翰开始做一件事，他通常会有始有终，无论花多长时间。8 年后，在快满 70 岁，即将迎来千禧年时，约翰把这部鸿篇巨制、6 万单词的史诗全部记住了。这大约是如《蝇王》这样的全本小说的篇幅！然后，他在一场整整持续了三天的非同寻常的朗诵会上演绎了这部诗。

20 年后，他说他仍然记得所有的内容。在我们见面的那天早上，他完整背诵了由 12 卷组成的这部诗的其中一卷来给脑子热身。约翰不是靠一招鲜吃遍天的人。近年来，他还记诵了大段大段的《李尔王》（一部关于年老君主的莎士比亚戏剧），把它变成一出独角戏。不久前，他还记诵了阿尔弗雷德·丁尼生创作的一首喧闹的诗《轻骑兵的冲锋》，配上摇滚乐，与一个喧闹的乐队一起表演。

在我们的谈话中，约翰坚持认为他的记忆力并没有超出常人。他告诉我，他的妻子和女儿"天生有着好记性"，而他是一个没有待办事项清单就没法做事的人，经常忘记一些东西，比如不记得记事簿搁在哪里。从临床角度看，约翰说得完全正确：他的记忆力并没有超过平均水平。卫斯理大学心理学家约翰·西蒙（John Seamon）对约翰的经历很着迷，并进行了一系列测试，想弄清他是如何做到的，结果发现他对日常事务的记忆完全属于正常水平。西蒙的结论是："超群的记忆力是练成的，不是天生的。" [17]

约翰是一个活生生的证据，证明一个稀松平常的记忆力在与像肌肉一样锻炼它的意愿以及正确的年龄观念结合在一起后，可以变得非同寻常。约翰告诉我，他脑海中经常浮现的一个画面是巴勃罗·卡萨尔斯，这位伟大的西班牙大提琴家一直演奏到 90 多岁。在生命的最后阶段，卡萨尔斯走路和出行都很困难，但只要坐下来演奏，他就会变得如年轻时那般行云流水。

我很好奇约翰究竟是如何记住一部篇幅堪比小说的诗的，就问他用了什么方法来完成这一壮举。原来，他差不多是误打误撞地制定了他的背诵策略。他告诉我，那是在他的成长阶段，当时他在聋人剧团工作。

听到这个情况，我直起了身子："但你并不聋，对吧？"我怕自己可能忽略了他个人身份的一个明显方面，还忽略了他与聋人文化及其积极的年龄观念的重要联系。

约翰微笑着摇了摇头，却开始用手语向我讲述他的故事。他年轻时极度渴望在剧团工作，得到的第一份工作是声音设计，那是 20 世纪 60 年代在康涅狄格州沃特福德的国家聋人剧团。国家聋人剧团由戴维·海斯（David Hays）创办，他是一位成功的布景设计师，曾经分别与电影大师伊利亚·卡赞和芭蕾舞巨匠乔治·巴兰钦合作过。这个新剧团开创了一种新的表演方式，聋人演员和健听演员同时打手语、表演哑剧和说台词，所有的感官都参与其中，为聋人观众和健听观众提供了一种新潮的戏剧形式。这着实令人激动。约翰跟着剧团巡演了三年，最终从声音设计转向表演并教授戏剧和美国手语。

介绍过故事背景，约翰继续用手语演示国家聋人剧团是怎么表演的，并解释他是怎么找到背诵方法的。在聋人剧团工作时，约翰注意到，当他加入手势让口语文本变得更加直观时，他更容易记住台词。几十年后，当他开始记诵《失乐园》时，他又回到了这个想法，通过"加入自然的手势"来使文本变得具象化。他解释说，这使他能够"同时占据诗歌的情感空间和物理空间"。

约翰在国家聋人剧团所接触的聋人文化，显然对他产生了影响。你会记得在我对聋人文化的研究中，年轻的成员常常把年长的成员当作榜样和领袖。[18]约翰接触到这种文化，强化了他的积极年龄观念，此外还教会他很多东西。他起初对手语一无所知，几年后却在教手语了。约翰最终离开了剧团，花更多的时间与家人待在一起，而不是连续几个月在全国巡回演出。但他与聋人群体的经历永远留在了他身上。他现在的情况似乎表明，聋人群体给了他关键指导，他们的文化至少在一段时间里成了他自己的文化，几十年后，他依靠这种文化完成了超群的记忆壮举。

当谈到自己的生活时，约翰不断地引用电影、书籍和诗歌，尴尬的是，其中许多我并未看过或读过，但我后来补上了。其中一些作品为他提供了更多关于老龄化的积极形象。他说年轻时崇拜的一部小说是《众生之路》，这是塞缪尔·巴特勒写的一部关于维多利亚时代的小说，控诉了那个时代虚伪的价值体系。他提到他最喜欢的两个角色——慈爱的姨妈阿莱西亚和小说的讲述者奥弗顿，他说这两个角色很符合神话中那些给予年轻人关键指导的智妪或智叟的原型。

约翰的生活提醒我们，记忆不是我们通常认为的那种固定的、有限的神经资源。它不像某个物件那样，你要么有，要么没有，除非是像阿尔茨海默病那样的神经性退化，但即便是那样的退化，正如我们即将读到的，记忆的丧失也并不总是一个业已注定的结论。记忆是可塑的，它可以得到增强。事实上，约翰对大多数认知文献所说的在晚年应该减退的记忆类型——情景记忆——进行了非凡的利用。

在实验室里通过改变年龄观念来增强记忆

在完成中国人和美国人的跨文化研究之后，我怀疑文化观念在记忆健康方面起着至关重要的作用，但我知道为了证明文化观念的力量，我需要在一个更受控的设定中来研究年龄观念。为此，我试图想出一种方法，以实验的方式再现我认为在这三种不同文化中可能发生的情况。

通过预实验测试了一些激活老年人年龄刻板印象的技术后，我决定尝试内隐启动，这种技术曾用于研究种族歧视，通过阈下激活白人大学生对黑人的刻板印象。[19] 我想尝试一些不同的东西，看看是否能激活自我刻板印象，或者对自己群体的刻板印象。我想在年龄较大的受试者中进行尝试，尽管我们系的一位神经科学家告诉我，这很可能会失败，因为老年人的信息加工速度较慢。很让我高兴的是，这项技术被证明是可行的，包括一名 92 岁高龄的受试者，他第一次使用电脑也没问题。

无意识启动之所以如此有效，是因为它能够绕过那些用于保护我们现有的积极或消极年龄观念的心理策略。例如，在"证实偏见"中就能看到这一点，这种偏见的运作方式是对那些能证实我们已经当真的事物的证据给予更多的权重，同时低估那些能反驳我们的证据。

我和我的团队招募了一组老年受试者，把他们带到我们在哈佛大学心理学系的实验室。他们坐在电脑屏幕前，我们告诉他们，当词语在屏幕靶心上方或下方闪现时，他们要盯着靶心，词语闪现的速度快到足以让他们体验"无意识知觉"，同时又慢到足以被知觉并吸收。受试者看到的一闪而过的光影其实是与老年人的积极或消极刻板印象有关的词，比如"聪明""警觉"和"博学"，或者相反，"阿尔茨海默""老迈"和"迷惑"。

在进行这些启动测试的之前和之后，受试者做了与我对三个文化群体的研究中所使用的相同的记忆任务，比如学习网格上的点的排布模式，然后在一个新的空白网格上用一摞黄色的点重现这个模式。我想弄清楚是否可以用启动技术来调整受试者对老龄化的看法，以及这些技术是否会损害或改善那些我们认为在晚年会下降的记忆类型。

结果如何？受试者在接受了仅仅 10 分钟的积极年龄刻板印象的启动后，他们的记忆表现就得到了改善。10 分钟的消极年龄启动则导致了记忆表现同等幅度的下降。我们在所有受试者中都得到了相同模式的结果，无论受试者是男性还是女性，是 60 岁还是 90 岁，是高中肄业还是医学院毕业，是住在乡村还是城市，也无论他们是第一次坐在电脑屏幕前，还是熟练的程序员。[20] 从那时起，我们的年龄观念－记忆表现的研究结果已经得到了许多其他研究人员的重复，最远的实验室在韩国，[21] 离我们美国的实验室有 1.1 万公里。来自五大洲的研究已经证实了我们的结果模式的普适性。[22]

考虑一下这些研究带来的启示：虽然老龄化是一个生物过程，但它也是一个深刻的社会和心理过程。你对老龄化及其对记忆的影响的看法确实可以影响你的记忆健康和表现。这些看法可以沿着消极或积极的方向转变。

　　这就是为什么像约翰·贝辛格这样记忆力本来属于"正常"的人，却能够训练自己背诵一部篇幅如小说的诗。我问约翰，是什么激励他这么多年来致力于在他的记忆中建立如此巨大和宏伟的东西。他说这是古希腊人的理想，即在强壮的身体里有一个强壮的头脑，并相信晚年是一个累积的知识和实践可以收获巨大回报的时期。《失乐园》这部诗现在就像"我脑海中的一座大教堂"，他告诉我，他经常觉得自己有点儿像巴勃罗·卡萨尔斯，90 多岁时还在演奏优美的全套巴赫大提琴组曲。对约翰来说也是如此，音乐在流动，大教堂矗立在他大脑里富丽堂皇的洞室中。

年轻时的年龄观念塑造老年时的记忆表现

　　很明显，文化对记忆有很大的影响。但我们的研究是在一天之内进行的。我很好奇，年龄观念是否会在生命全程都对记忆有影响。为了仔细研究这个问题，我必须找到一种方法来确定人们几十年前的年龄观念，并随着时间的推移追踪他们的记忆。一天早上，我跟我的家人谈论这个棘手的问题，女儿建议我使用她最喜欢的电影《回到未来》中的时间机器，回到过去找出人们的年龄观念，然后回到 40 年后的现在，测量他们的记忆。

　　我的朋友罗伯特·巴特勒（Robert Butler）想出了一个有点儿类似但更可行的解决方案。作为美国国家老龄化研究所的创始人，他帮助发起了巴尔的摩老龄化纵向研究（简称 BLSA），这是世界上持续时间最长的老龄化研究，始于 1958 年，至今仍在进行。每两年，BLSA 的受试者都要完成一批测试和问卷，以帮助科学家研究他们所能想到的老龄化的几乎每一个方面。在其中一项测试中，主试者展示了 10 张几何图形卡片，每张卡片呈现 10 秒钟，然后移走，最后要求受试者凭记忆画出每个图形。罗伯特认为 BLSA 最早的调查内容还包含了一份对老龄化看法的调查问卷，但他觉得没有人研究过这些数据。

为了弄清罗伯特说的是否靠谱，我打电话给美国国家老龄化研究所的科学主管路易吉·费鲁奇（Luigi Ferrucci）博士（他后来成为我们的一个宝贵合作者），向他介绍了我的想法，即把年龄观念和记忆随时间进行关联，并问他我如何能够确定 BLSA 的受试者曾经是否测量过年龄观念。他说有可能早期的某个调查包含了这样的测量，但他不确定，因为印象中没有人用它发表过论文。他给我发了一本相当于一个大城市的电话簿厚度的手册，让我去查。我很激动地发现，在对受试者的第一次调查中，有一个关于年龄观念的测试。它没有明确标记，但经过一番搜索，我发现它用的是对老年人的态度量表。

现在，就像《回到未来》中迈克尔·J. 福克斯扮演的角色一样，我可以回到过去，考察 BLSA 受试者在这项研究开始时是如何描述他们对老龄化的看法的，那是在他们进入老年之前几十年，许多人还是年轻的成年人。到现在，他们都已经过完了 60 岁生日。我将他们在研究开始时的年龄观念与接下来 38 年的记忆分数进行匹配，发现从一开始就持有积极年龄观念的人在老年时的记忆分数要比持有消极年龄观念的同龄人高 30%。受试者的积极年龄观念对他们记忆力的正面影响比其他因素（如年龄、身体健康和受教育年限）对记忆力的影响都要大。[23]

现在，我已经在三种不同的文化中研究了老龄化和记忆，并在实验室中纵向考察了年龄观念，我找到了证据，表明老龄化并不是影响记忆的唯一因素，年龄观念对我们记忆的影响程度才令人震惊。

年龄的礼物：谁应该看 X 光片

根据神经科学家丹尼尔·莱维廷（Daniel Levitin）的说法，某些类型的记忆实际上随着年龄的增长而改善。例如，人们过了60 岁之后，模式识别能力会更强。就像他说的："如果你要拍 X 光片，你会给一个 70 岁的放射科医生看，而不是给一个 30 岁的医生看。" [24]

随着年龄的增长，我们的大脑会持续建立新的连接。布兰迪斯大学的神经科学家安吉拉·古切斯（Angela Gutchess）发现，老龄化的大脑在使用许多脑区时往往没那么专门化，这可能是一件好事。她那优雅的磁共振扫描大脑的研究显示，当记忆一首诗或其他言语信息时，年轻的成年人使用的是左额叶皮层；老年人往往不仅使用这一区域，还使用右额叶皮层，后者通常用于存储和加工空间信息（如地图）。更多地依赖两个大脑半球是适应性和灵活性的标志。[25]

回忆一下约翰·贝辛格令人难以置信的记忆壮举，完成这一壮举会让任何年龄段的人都感到无比自豪，能做到这一点的部分原因是通过运用手势，使文字更具有空间感，以及认可老龄化是一个积累技能和经验的时期。年龄观念并不是存在于真空中，它们占据了我们头脑的宝座，而头脑是我们身体的控制室。它们是我们如何编码老龄化的组成部分。它们影响着作为一种文化和不同个体的我们，如何设计、构建和体验老年。这就是为什么它们的影响会以如此显著的方式扩散开来，不仅改变我们的记忆方式，而且改变我们的行为方式，包括我们是否将知识传递给他人。

传递记忆：在红杉树上捕食蘑菇

帕特里克·汉密尔顿（Patrick Hamilton）生活在北加州凉爽而茂盛的森林中，过去 30 年里，他在那里寻觅、烹饪、售卖、研究蘑菇并教授蘑菇知识。他是一个 73 岁的壮实白发老人，有着舒缓的嗓音和轻松的笑容，他已经成为捕食蘑菇的权威人士。他的名字出现在众多专门介绍如何寻觅蘑菇的指南和网站上，在传奇性的蘑菇捕食指南《一切拜雨所赐》（*All That the Rain Promises and More*）的背面，有一张他自豪地与两个保龄球大小的牛肝菌合影的照片。[26]

不过，我找帕特里克并不是为了搞清楚如何在我家后院找到鸡油菌，而是为了了解上了年纪的蘑菇捕手记忆中的秘密。帕特里克能够鉴定数以千计的物种。考虑到许多蘑菇具有不断进化的特征，他这一技能令人印象尤为深刻。大多数蘑菇生长速度极快，随着年龄的增长而改变形状和颜色。

我之所以想了解更多关于捕食蘑菇的情况，也有个人原因。

当我在温哥华长大时，我们家与一位华裔老太太隔着几幢房子，她和她的成年儿子及其家人住在一起。每年春天，在周末的早晨，他们都会提着篮子去森林。如果他们下午回来时我在院子里，兴高采烈的一家人就会邀请我过去，向我展示一家之长老太太挖出来的成堆的色彩奇异的蘑菇。梁奶奶对哪里有蘑菇似乎有一种第六感，她的儿子和其他家人对此赞不绝口。

帕特里克对蘑菇的庞大记忆力有赖于积极的年龄观念。就像演员约翰一样，他证明了这些观念可以增强情景记忆。情景记忆是一种对事件和物体的详细记忆，许多科学家错误地认为这种记忆总是随着年龄的增长而减弱。帕特里克向我解释，他已经观察到，"随着我年龄的增长，我正在获得智慧"。

帕特里克的祖父母是爱尔兰移民，在洛杉矶附近买下了一个散发着甜味的橘园。小时候，他和祖父母一起在橘园玩耍时，爱上了户外活动。43 岁时，他"掉进了蘑菇里"，当时他搬到了俄罗斯河⊖流域的一栋房子里，这条两岸红杉林立的河经门多西诺县和索诺玛县流入太平洋。帕特里克能够肉眼识别两种可食用的蘑菇——珊瑚菌和鸡油菌。他和妻子会带着篮子和刀子到森林里去，然后带着晚餐回来。从那时起，他就住在北加州各地——从海岸边的雷伊斯角到内华达山脉潮湿的红树林，他的身份是厨师、教师、旧金山高级餐厅的供应商和当地报纸的老饕专栏作家。

我问他，当他想到老龄化的时候脑海里出现了什么画面，他在给出答案之前说，他想到的老年人不是出现在城市里，而是在

⊖　位于美国加州的一条河。——译者注

户外，在森林里。然后他给出了两个画面：一个是一位有吸引力的 70 多岁的女性，她有一头长长的白发，在一次长途徒步旅行中自娱自乐；另一个是一位骑着山地车的老年男子，欢快地飞驰在两旁树木高耸的狭窄小路上。

帕特里克在自己的生活中借鉴了这些老年人享受和沉浸在大自然中的形象。73 岁的他比大多数在森林里参加他的课程的人都要老。但他也比大多数人更有活力。最近，他和寻觅蘑菇的伙伴，一个 79 岁的蘑菇爱好者，出去远足遇到了大雪。他们不得不在没有手机信号覆盖的情况下徒步穿越 11 公里的山脉。他告诉我，他们不能停下来，否则会有被冻伤的危险。他们安然无恙地回到了家，尽管这段经历让人头皮发麻，但帕特里克把这段经历说成是一次冒险，如果有机会的话，他很乐意重复。

捕食蘑菇也以重要的方式加强了积极的年龄观念，因为长者往往拥有更多的专业知识，并在经常是代际的寻觅活动中被年轻的寻觅者所仰望。在这项活动中，积累的知识以及谁掌握这些知识，都会关系到生死，因为许多蘑菇是有毒的。

帕特里克解释说："在寻找蘑菇方面，我的年龄实际上对我有帮助。"他识别数以千计的不同物种的能力是基于他多年来在森林和沙漠中捕食它们，以及花大量时间阅读科学文献。"学会识别不同的蘑菇并不仅仅是把名称和图像乃至毒性和可食用性给记住的问题，毕竟同一种蘑菇在其生命的不同阶段以及在不同的气候条件下看起来就非常不同。它还涉及理解和学习更广泛背景下微妙的相互作用和相互依存。我看的是土壤、树木、植物、地质，以及整个环境。"他似乎也将这些观念应用于人，以及他的生活方式：没有什么是独立于其他事物存在的；某些循环依赖于其他循环；生物从未停止生长。

　　帕特里克的学生往往是情侣，或者带着孩子的父母。有时，祖父母也会加入他的森林之旅。当整个家庭都在一起时，有一些特别的感觉：**"在森林里，每个人都在同一水平线上，你不会考虑任何人的年龄。"** 他经常会找到一个被挖空的巨型红杉树桩，让全家人在上面摆姿势拍照。

　　最近，他告诉我，他和一个俄罗斯人家庭一起出去寻觅蘑菇时，注意到这家人的祖母正在兴奋地采集鲜艳的红菇。她甚至还让孙子参与进来，帕特里克对此感到警觉。帕特里克跑过去，告诉她这是冬红菇（*Russula cremoricolor*），又名毒红菇（*Russula emetica*），或"呕吐红菇"[⊖]。她笑着告诉他，这种蘑菇腌渍之后可以食用（但不建议没有经验的人这样做）。事实上，俄罗斯有种蘑菇与北加州森林中的这种蘑菇相似，俄罗斯人可不怕拿它来做食材。交谈结束时，这位老妪的孙子笑容满面地看着她。帕特里克向这位祖母送上了他的祝福。然后她和她的孙子回到了林地里。

文化传承源自长者强大的记忆

　　帕特里克作为知识保管者的角色让我想起人类学家玛格丽

⊖　毒红菇和冬红菇曾被当作两个不同的物种，直到 DNA 证据显示毒红菇实际上是冬红菇的一个变种。毒红菇的菌盖呈红色，而典型的冬红菇的菌盖是奶油色（其拉丁学名即此含义）。——译者注

特·米德的著作，讲的是世界各地原住民文化中老年成员的角色。[27] 她观察到，由于他们对文化知识的海量记忆，他们通常是不可或缺的，他们与年轻世代分享这些知识。这种保存记忆的角色进而又帮助他们巩固了社会地位："他们不知疲倦的劳作代表着物质和文化的生存。为了使这种文化得以延续，老人是必需的，他们不仅要在饥荒时期引导群体去寻找稀少的庇护所，还要提供一种完整的生活模式。"[28]

米德以澳大利亚的原住民文化作为例子，他们在极其恶劣的环境中繁衍了数千年。这些原住民之所以能生存至今，是因为他们的传统，将他们与当地的生态环境结合在一起。长者们通过歌径（Songlines）来保存和传承密切相关、不可或缺的知识，歌径是文化和信息传播的载体，包含了一个曲库，承载的是地球上所有族群中最古老的连续口述历史。[29] 这些歌曲发挥着文化和宗教"经文"的作用，同时也是一部口述百科全书，包含了整个澳大利亚成千上万种动植物的信息，以及方圆数百公里土地的详细地图。[30]

米德写道："所有文化的延续性都有赖于至少三代人的生活呈现。"[31] 这一观点适用于教授歌径的长者，他们帮助子孙找到庇护所和食物，也适用于帕特里克，他与所有年龄段的蘑菇捕手分享关于哪些蘑菇有毒的美食知识，这些知识往往能救命。这些长者因向年轻世代传递信息而受到珍视，这些例子才是真正的"长者时刻"，其中"长者"代表着记忆力。

Breaking
the
Age Code

3

老与快

只要开始锻炼，永远不会太晚，老龄化的身体对锻炼会做出特别出色的反应。积极的年龄观念会带来大量的涓滴效应，包括更好的功能性健康。

在美国西北部一处群山叠翠的隐秘之地，住着一位开朗的修女，她成了斯波坎谷当地的一个名人。自1982年以来，麦当娜·布德尔修女已经完成了350多次铁人三项比赛，赢得了"铁修女"的昵称。她第一次去比赛时，已年近50岁，穿的是一双从朋友那里借来的运动鞋。如今，她已经91岁了，刚刚又完成了一次铁人三项比赛。她的训练没有遵循传统，反倒简单明了。麦当娜修女没有华丽的健身房或奥运会教练，相反，她跑步或骑自行车去杂货店，在当地基督教青年会的游泳池里游泳，并在冬天穿着雪鞋四处活动。尽管麦当娜修女体魄强健，但她看起来相当低调，身材精干，蓝瞳明眸，一头短发还是自己理的。

我和她谈论老龄化，我问她，当她想到"一位老年人"时，首先进入脑海的五个词是什么。"智慧和优雅，"她回答，然后又想了一下，"还有跑步和机会。"当我指出这只有四个时，她大笑，补充道："美酒。"

她认为是祖母帮助她将衰老与机会和智慧联系在一起。早年在圣路易斯，当她还是一个年轻的女孩，在思考生命的浩渺，想知道长大后该做什么时，祖母告诉她："过去的事情已经过去了，未来一旦到来就不再是未来了，所以你只需要对当下负责。"80年后，这也成了她对衰老的看法："惧怕衰老是没有意义的，毕竟你永远不知道前面有什么，未来是你未曾经历过的。"

她的父亲是一名划艇冠军，直到70多岁还在划船和打手球。曾经，看着被她当作老人的父亲竟有着如此强健的体格，她为此而感到骄傲，并记忆犹新。当她自己进入70岁时，她参加了在夏威夷大岛举行的铁人三项世界锦标赛。她骑自行车穿越了大岛并在公海游了近 5 千米，随后在跑马拉松的过程中，她想起了父亲。那天晚上，天空挂着一轮满月，跑道上的身影镀了一层银，她记得自己当时感到了父亲的存在，仿佛他和她在一起奔跑。

积极年龄观念有益于身体功能

当我见到麦当娜修女时，我惊叹于她很轻松地就颠覆了衰弱和衰退的刻板印象，这些刻板印象原本被当作老龄化的自然轨迹。我还想知道，她积极的年龄观念是否有益于她的身体素质。为了弄清年龄观念是否会影响功能性健康，也即我们的身体运动在步态、平衡、耐力和速度等方面的情况，我设计了一项研究。我查阅了一项已有的调查，该调查询问了年龄全部在 50 岁以上的受试者的年龄观念，例如，他们是否同意诸如"随着变老，你变得更没用"这样的说法。每个人的回答会得到一个分数，反映的是他们的消极或积极的年龄观念。在接下来的 20 年里，这些受试者每隔几年就接受一次功能性健康测试。

我发现，在 18 年的时间里，具有积极年龄观念的受试者比那些具有消极年龄观念的同龄人表现出更好的功能性健康。[1]这是第一次有人证明年龄观念——而不是"衰老"——是影响晚年身体表现的主要因素。

但我还需要确定因果关系没有颠倒，也就是说，并不是更好的功能性健康带来了积极的年龄观念。我与统计学家兼好友马蒂·斯莱德（Marty Slade）探讨了这个问题。马蒂在成为统计学家之前是一名航空工程师。他在他的分析中使用了与测试飞机引擎相同的逻辑和才智。我们首先检查了是否存在反向关联，也就是说，受试者加入研究时的功能性健康状况是否能够预测随时间推移的年龄观念。答案是否定的。然后我们观察了所有在刚加入研究时具有相同功能性健康分数的受试者，并重复了同样的分析。我们确定，是年龄观念预测了功能性健康，而不是反过来。最近，包括澳大利亚在内的其他国家的研究也得到了同样的结果。[2]

年龄观念改善健康的滚雪球效应

为了确证是年龄观念带来了更好的身体功能，我的团队邀请老年受试者来到我们的实验室。我们将他们随机分配到积极或消极的年龄观念组，并像先前的记忆实验一样，用阈下的积极或消极年龄观念对他们进行启动。被积极观念启动仅 10 分钟的受试者立即表现出更快的行走速度和更好的平衡能力，这是由他们每走一步脚抬离地面所用的时间更多来衡量的（通过他们鞋子里记录压力的特殊垫子进行校准）。那些接触到积极的老龄化观念的人走得更好。[3]

由于我的目标是利用积极的年龄观念来改善社区老年人的健康状况，那么下一步就是看看我们是否能在实验室以外——在不同的老年公寓中带来同样的改善。此外，在我们的实验室研究中，虽然我们发现启动对受试者的行走有立竿见影的效果，但效果在 1 小时后开始消退。我又进行了另一项研究，对老年受试者在 1 个月里每周进行启动，希望这样能产生更持久的改善。[4] 这项新的研究更接近于年龄刻板印象在现实世界中的运作方式，我们在现实世界中经常长期接触刻板印象。

一位名叫芭芭拉的 83 岁女士是我们的受试者。她在她居住的社区的活动室看到了一份研究传单。这项研究的要求包括让她回答一些调查问卷，参与一些电脑游戏，并做一些体育锻炼。好吧，她想，何乐而不为？正好可以尝试一些新东西。

在为期 1 个月的每周课程中，芭芭拉与我们的一名研究护士见面，坐在电脑屏幕前做一些简单的速度反射游戏，接着再做一些任务，比如连续 5 次在椅子上坐下和起立，走过一个房间然后再走回来，以及一只脚并在另一只脚后面站立 10 秒钟。

一开始，芭芭拉遇到了困难。当连续 5 次从椅子上起立时，她觉得自己快要摔倒了，可能需要抓住一旁研究护士的手。而用一只脚并在另一只脚后面保持平衡 10 秒钟，好似走钢丝，并不像听上去那么简单。

然而，到第 3 周，有趣的事情发生了。芭芭拉在椅子任务中感到更加自信。她说，双脚一前一后并着站立，不再会让自己感觉像比萨斜塔了。

还有其他细微而值得注意的变化。她报告说，早起下床似乎更容易了，踏上常去租 DVD 碟的公共图书馆门口的台阶也更容易了。变化还不只这些——芭芭拉总体上感觉更好，更能主宰自己。

例如，她会给一个多年未曾联系的表妹打电话，这连她自己都感到惊讶。她还心血来潮地为老年公寓即将举办的节日聚会张罗娱乐活动。她加入了她所在大楼的一个剧本创作小组，并在附近的一个剧院表演短剧。

如果你在想，芭芭拉的平衡感和心境改善的原因是否与我们的干预有关，是不是我们的干预增强了她积极的年龄观念，那你就对了。通过阈下呈现"活力"和"健康"这样的词来刺激她，我们激活了她深埋心底的对年老的积极看法，并将它们移至其观念体系的前端，这个观念体系长期以来一直被来自社会的消极老龄化形象所支配着。这种激活改善了芭芭拉对自己作为一个老年人的知觉，还有她的身体机能。

当然，芭芭拉并没有在一夜之间长出翅膀。但经过了 1 个月的启动后，她的身体状况的改善就与同龄人以每周锻炼 4 次的频率持续 6 个月后的身体状况相似。[5]而且她完全不是孤例：1 个月后，那些被积极年龄观念启动的老年受试者明显比呈现随机字母（因而不受启动）的中性对照组的老年受试者走得更快，平衡感也更好。

意想不到的是，我的团队还发现了一个滚雪球效应。也就是说，就像一个在雪山上滚动的雪球一样，积极的年龄观念对受试者的身体机能的有益影响在 2 个月的研究中稳步增长。[6]这形成了一个良性循环：积极的启动增强了受试者对老年人的积极观念，进而增强了他们对自己老龄化的积极观念，进而增强了他们的身体机能，进而增强了他们积极的年龄观念。这从而又使他们的身体机能得到进一步增强（见图 3-1）。

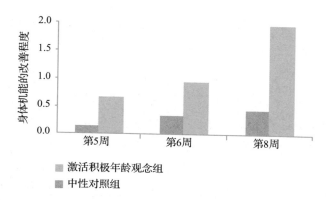

图 3-1　激活积极的年龄观念会随时间逐步改善老年人的身体机能

注: 那些被积极年龄观念启动的受试者的身体机能明显好于中性组的受试者; 积极年龄观念的这种有益影响在两个月的研究中不断增强。

老年运动健将榜样

年龄观念是一个连续谱, 但在美国, 大多数人主要接触并表达的是消极年龄观念。[7] 其他人, 像麦当娜修女, 则更多表达的是积极年龄观念。但拥有积极的年龄观念并不意味着你必须出类拔萃, 每个月都要参加铁人三项比赛。有时这些观念只是帮助你尝试新事物。

以得克萨斯州的政治家威廉明娜·德尔科 (Wilhelmina Delco) 为例。她在 10 年前 80 岁时才学会了游泳, 经常是游泳池里最老的人。附近的人都认识她, 当她是 "在游泳馆游泳的老太太", 她笑着说, 但她的成就可远比这卓著。在马丁·路德·金遇刺三天后, 她加入了独立学区理事会, 成为奥斯汀市第一个当选公职的黑人。从那时起，她作为得克萨斯州议会的众议员从事了四十多年开拓性的市政服务。

威廉明娜开始游泳是因为游泳能缓解她的关节炎，而且在游十个来回的过程中"前划后拍"感觉很棒。当看到另一位七八十岁的老人从跳水台上往下跳时，她尤其感到高兴。"我是为自己的年龄感到自豪，而不是为我是个什么特例感到自豪。"她告诉我。同样，尽管在她所属的许多公民组织的理事会中，她总是唯一的黑人女性或黑人老者，甚至是唯一的黑人老妪，但她并不认为自己是一个异类。"对我来说，重要的是不要成为一个例外的其他人。"看起来，她把自己视作走在队伍里的领头人，而不是远远走在队伍前头。她没有标榜团结精神，而是以她为榜样来引领团结。

她在向他人展示"如果她能做到，那么他们也能做到"，这种能力部分来自她处理种族歧视的经历。在人生的大部分时间里，在许多她工作和生活的地方，她都感到自己不受欢迎。尽管在多个方面（身为黑人、女人和老人）成为偏见的目标，会导致应激呈指数级增加，但它也可以提供机会，运用应对策略来跨越身份认同。

威廉明娜对付种族歧视的能力有助于她对付年龄歧视。她的母亲在生命的最后 20 年里与威廉明娜一家生活在一起，母亲教会了威廉明娜很多在种族歧视的环境中茁壮成长的方法。如果需要做什么，她的母亲会说："你应该去做。该死的是那些有偏见的人。你应该去尝试。"

威廉明娜还从母亲以及婆婆（她晚年也搬来一起住了）那里学到了关于老龄化的知识。对威廉明娜和她的孩子们来说，家里的两位老人就是一个巨大的支持和爱的来源（"还有争吵"，她笑着补充道），并影响了她对老年的思考方式。她们经常给她和她的孩子们提供建议，从烹饪到平衡收支到面对挑战，还有在家庭和社区关系中寻找力量。现在，威廉明娜已经到了曾经的一家之主的年龄，她坚持说她永远不会虚报自己的年龄："我太高兴我能坦然面对了。"

游向夕阳红的晚年

在见到威廉明娜之后，我与另一位在晚年发现游泳乐趣的女性进行了交谈，尽管她一蹿进游泳池就流连忘返了。现年 99 岁的莫里纳·科恩菲尔德（Maurine Kornfeld）似乎每年都会打破一项又一项世界游泳纪录。

这一切是从她 90 岁开始的，从那时起，她已经创造了 27 个这样的纪录。[8] 她 60 多岁时，在洛杉矶做社会工作，她常去消暑的当地基督教青年会游泳池关闭了，于是她去了离她最近的一个游泳池。这个游泳池只有星期六上午可以使用，因为其他所有的上午都由一个属于全美游泳俱乐部的大师级游泳队使用。她给游泳队教练打电话抱怨他霸占了游泳池，教练问了她一些她听不懂的问题，比如"你用的什么泳姿"。"我不知道他在问什么，"她笑着说，"但他让我星期六上午来，会给我指导，于是我星期六上午去了，他让我游自由泳，我跳进游泳池，昂着头游起来，对我来说这个姿势很合理。他一直喊我把头搁水里，听上去是一个粗鲁的建议。曾是海军陆战队中士的他，一直冲我喊叫，之后我改游仰泳，皆大欢喜，就这样，我成为最新的士兵，刚刚登陆帕里斯岛。"她笑着说，话里指的是美国海军陆战队训练新兵的那个臭名昭著的基地。

不久之后，莫里纳开始参加大师级游泳比赛。很快，她就赢得了所有的比赛。但莫里纳坚持认为，个中乐趣来自游泳，而不是竞争因素。"我喜欢的是人，是快乐。游泳让你感觉很好，它增加了内啡肽。这是一项可爱又感性的运动。你是否参加比赛其实并不重要。当你在水中时，你感觉自己是不朽的。没有什么能触碰你。你就是感觉很好。"

莫里纳是一个让包括我在内的其他人都感觉很舒服的人。她好奇心强、活力四射、笑容满面。她不断地把话题转回到别人身上，更有兴趣倾听别人的生活，而不是长篇大论地谈自己。我们初次见面之后，她立即开始每周给我发送电子邮件，内容包括她的生活动态，关于我可能想交谈的人选的有益建议，以及我忍不住想发给其他人的令人忍俊不禁的视频（比如最新一条是"小狗舔人"）。

我们谈话时，正值新冠病毒大流行的中期，加州各地的就地避难令已经生效。然而，对莫里纳来说，最困难的部分并不是被限制在陆地上，也不是不能再参加每天早上5点起床，在黑暗中开车穿过小城去玫瑰碗游泳池的日常活动，而是不能见到她的朋友们。老年是她生命中的一个收获，也是一个高度社交的时期。她告诉我，她比之前作为加州第一批获得执照的社会工作者工作时更忙。她是洛杉矶几个博物馆和历史名胜的讲解员，虽然她独自生活，但会经常和朋友见面。后来我们有一次交谈时，他们中有一位就顺道来借一本艺术展的图录。

莫里纳如饥似渴地在她家前廊上读书。她打趣道："我出生时嘴里就含着一张借书证，我家可没有银汤匙。"事实上，我们不得不提早一点儿结束谈话，以便她能读完埃里克·拉森的新书，因为她要主持读书俱乐部的下一场讨论。在新冠病毒大流行期间不能游泳，为了保持身材，莫里纳在附近的布朗森峡谷漫步，在前廊台阶上连续来回上下 11 趟，并举起番茄罐头来锻炼手臂的肌肉。

在我们初次见面后，莫里纳给我发了一封邮件，其中有一句罗伯特·勃朗宁的诗，表达了她对晚年生活的看法："和我一道变老！最好的日子还看明朝。"

起跑永远不会晚

从这两位生活在美国东西两岸、截然不同的泳者身上我们能收获什么？她们共同表明，只要开始锻炼，永远不会太晚，老龄化的身体对锻炼会做出特别出色的反应，积极的年龄观念会带来大量的涓滴效应[⊖]，包括更好的功能性健康。

事实证明，年龄观念甚至可能比你在年轻时是否运动更能

⊖ 涓滴效应是指给予一个系统上层群体的利益最终会传递给系统下层的群体，优先发展起来的地区可以通过生产和就业等方面惠及贫困地区。——译者注

决定晚年的功能性健康。诺丁汉大学 30 岁的英国研究员杰西卡·皮亚塞茨基（Jessica Piasecki）最近参与的一项研究发现，50 多岁才开始跑步的人可以和已经跑了几十年的老手一样健康壮实。[9] 比终身运动员晚了 30 年才开始跑步的人，在完成比赛时间、肌肉质量和身体脂肪等指标上都和运动员非常相似。

虽然杰西卡的研究专注于生理性预测因子，没有直接测量年龄观念，但这些发现改变了她对老龄化的态度，她还改变了自己的跑步习惯。

杰西卡是一名耐力运动员，除了有天赋外，她还很谦虚。在我们谈过话之后我发现，自从她开始研究老年运动员以来，她已经成为目前参赛者中速度最快的英国女跑者，也是英国马拉松历史上跑得第三快的女性。自从她开始这项研究以来，她对晚年锻炼的人的尊重有增无减。当她与大师级跑者交谈时，他们似乎都对老龄化持同样的看法，包括老龄化带来的自我提升。她告诉我，与他们一起工作，给她自己的跑步活动带来了极大的额外动力。

虽然我肯定不是最快的泳者或跑者（我参加比赛的目标是完成比赛），但我可以体会到受到老年运动员激励的感觉。作为一名老年学家，研究老龄化的一分子，我最欣喜的事情之一就是我经常能遇到鼓舞人心的老年人。某天早上，当我挣扎着决定到底是摁掉闹钟，蒙上被子再睡一会儿，还是在上班前下床围着我家附近的玉米地跑一圈时，威廉明娜、芭芭拉和莫里纳中气十足、沉着坚定的嗓音会突然在我的脑中响起，我就滚下床去找我的运动鞋了。

积极年龄观念促进从伤病中康复

积极的年龄观念不仅为老年人提供了实现更大的功能性健康的可能性，也有助于他们从疾病和伤害中恢复。毫无疑问，偶尔生病或受伤是生活的一部分。值得商榷的是，为什么受着同样伤的人表现出不同的恢复模式。

正如人们普遍错误地认为功能性健康会不可避免地随着年龄的增长而下降一样，人们还假定老年人在急性损伤或生病后不能很好地恢复。在一项颠覆这种假定的重要研究中，老年医学专家汤姆·吉尔（Tom Gill）发现，这种错误观念部分源于有缺陷的方法学：大多数关于老年人和残疾人的研究是每年或每隔几年对受试者进行追踪，这可能会错过短期的伤残和康复事件，比如扭伤的脚踝在一个月内就会好转。通过间隔一年或更长时间的调查，大多数研究人员都只记录到健康状况的恶化，而几乎不会记录康复。但是，当吉尔以每个月这一较短间隔对受试者进行调查时，他发现 81% 的人在他们最初的伤残事件发生后的一年内显示出完全康复，这些康复的人中有 57% 在之后的至少六个月内保持了生活自理。也就是说，大多数在严重摔倒或受伤后不能自己洗澡或进食的老年人最终得以再次做这些事情。[10]

多亏了吉尔和他的团队，现在我们知道，大多数老年人即使遭受急性损伤或意外，也会完全康复。那是什么推动了康复过程呢？

我想知道答案是否会是年龄观念。幸运的是，吉尔打算对纽黑文市 70 岁以上的居民进行研究，我问他是否可以用我的"老龄化形象"任务来测试他的受试者的年龄刻板印象。在研究开始时，他的团队要求 598 名受试者说出他们想到某个老年人时首先进入脑海的五个词。然后我们在接下来的 10 年里逐月对受试者进行核查，以了解他们是否经历了任何新的身体伤害或疾病，如果是，那他们又是否已经部分或完全康复。

我们发现，那些一开始就持有积极年龄观念的人，在接下来的 10 年里更有可能从身体伤害中恢复过来。这种年龄观念模式的影响要大于年龄、性别、种族、教育、慢性病、抑郁症状和身体虚弱程度对康复的影响。尽管我预测积极的年龄观念可以作为康复的资源，但我对其发挥影响的程度感到惊讶：较之于那些坚持消极年龄刻板印象的受试者，持有积极年龄刻板印象的受试者从严重残疾中完全康复的可能性要高出 44%。[11]

在老年人经历残疾和最终康复的过程中，年龄观念就像风暴中的船桅一样，可以成为安全和力量的来源。以奥斯卡获奖演员摩根·弗里曼为例。在一个炎热的夏夜，他驾驶着一辆日产西玛沿着密西西比州的高速公路行驶，汽车突然失控，翻滚了好几圈，瞬间变成了一个扭曲变形的金属堆。雪上加霜的是，安全气囊没有弹出。救援人员不得不启用救生颚来救出身体被压碎的弗里曼，他被空运到最近的医院，身上多处骨折。他的粉丝和亲人祈祷他康复，大家觉得这位 71 岁的演员就算能活下来，也是终身瘫痪。[12]

摩根·弗里曼不仅康复了，而且老当益壮。自康复以来，他又主演了 37 部电视剧和电影。他特别引以为豪的是出演动作片，像是《赤焰战场》和《三个老枪手》，这些电影的主角都是年长的英雄，他们把对手打得屁滚尿流，赢得了名声。在后一部电影中，他与艾伦·阿金和迈克尔·凯恩一起扮演退休人员，在养老金被原先工作的公司取消后，他们通过抢劫向老年客户进行欺诈性交易的同一家银行来对抗结构性年龄歧视。（我将在本书后面章节讨论对抗年龄歧视的法律手段。）

如今，弗里曼已经 84 岁了，他享受着老年生活，探索着他的精神世界（他最近制作并解说了一部关于世界宗教的纪录片），并做着他热爱的事业——拍电影。他解释说："我息影的话钱也够花，我现在工作只是为了好玩。"[13]

在出车祸 8 年后的一次采访中，他被问到："现在作为好莱坞的传奇人物和一线演员，你觉得你的工作是否在挑战关于衰老的刻板印象？"弗里曼回答："我希望是这样。我真的希望是这样。"[14]

摩根·弗里曼将老年与好奇心和活力联系在一起，他在晚年生活中展示了身体的复原力，他再现了我们在纽黑文研究中发现的结果。不过，如果你想健康地变老，倒也不必成为电影明星、铁人三项运动员或者世界游泳纪录保持者。你可以决定在 60 岁时开始跑步，在 70 岁时第一次跳进游泳池，或者在任何年龄开始散步，重要的并不是你在什么年龄做什么，而是你要树立积极的年龄观念，信任你的身体会做出对等的回应。

4

强壮的大脑：基因不是命运

在携带有风险的 APOE ε4 基因的受
试者中，那些有积极年龄观念的人患上
痴呆的可能性比有消极年龄观念的人要
低 47%。换句话说，从生物学角度他们
注定要患上痴呆，但他们中的一半人却
没有患上这种疾病——这部分归功于他
们积极的年龄观念所提供的保护。

一个秋日，一位大学生物学教授把我祖父（当时他还是个默默无闻的新生）叫到办公室，要求他说明白期末考试为何能取得如此好的成绩。

"利维，"他举着我祖父的试卷，仿佛它是一个特别有力的罪证，"这份答卷太完美了。从来没有人交出过一份完美的答卷。"这位教授的课是出了名地艰深，探讨生物学的前沿进展，当我祖父开始一句接着一句复述相关教科书的章节内容时，教授愣住了。当我祖父复述完时，教授露出了欣慰的笑容。现在，教授明白了为什么这个学生能得满分。在我祖父的余生中，他那照相式的记忆力将继续给每一个见证者留下深刻的印象，当然也包括他的孙辈们。

作为贫穷的立陶宛移民家的孩子，我的祖父被赋予了太多好运气。他是家里第一个上大学的人，接着他读了法学院。我小的时候，他给我读他儿时读过的霍雷肖·阿尔杰的小说，描写的都是生活在贫困中的年轻人通过"运气和勇气"在社会中向上跃升的故事。他也知道自己很幸运，所以他从事了一个旨在给别人带来快乐的事业。他创办了一家出版公司，出版色彩缤纷的漫画书，那时的孩子都无比迷恋这些充斥着黏糊怪物和超级英雄的漫画书。然而，在他生命的最后阶段，他的运气耗尽了。有一天，他和我吃午饭，他没有凭记忆复述完整的菜单，而是催促我注意桌子下面移动的绿色小人，它们就在我们脚下，有的在举重，有的在拉伸，有的在咕哝，就像他那些漫画书里的卡通生物。

大约那个时候起，他开始失去他的好记性，不久，祖父被诊断为阿尔茨海默病。作为孙女，我被他病程的缓慢发展吓到了，这种病抹去了他鲜活的当下，把他束缚在冰封的过去。

直到我成为一名心理学家并开始研究老龄化，我才开始从一个更抽离却也更有希望的角度来思考老龄化的大脑。对我们大多数人来说，随着年龄的增长，我们的大脑显现出某些优势，而我们周遭的文化因素会削弱或增强这些优势。

将阿尔茨海默病与年龄观念联系起来

1901 年，在德国法兰克福，一位名叫奥古斯特·德特尔的 51 岁女性接受了一位名叫阿洛伊斯·阿尔茨海默的医生的治疗。德特尔夫人已经发展成偏执妄想，开始在她的房子周围藏东西。她似乎在不断丧失着记忆。她的丈夫震惊又困惑，把她送进了精神病院，在那里她成了阿尔茨海默医生的病人。医生对她悲惨的转变经历很感兴趣。他要求她做一些简单的任务，比如写自己的名字，她却无法做到。她会一直反复说"我已经失去了自我"，说给任何愿意倾听的人听，有时甚至是对着空气说。[1]

5 年后她去世了，阿尔茨海默医生对她进行了尸检，她的大脑已经严重萎缩。在用银盐对脑组织薄片进行染色后，他发现其中充满了异常的沉积物：淀粉样斑块（在脑细胞之间形成的蛋白质团块）和神经原纤维缠结（在脑细胞内部形成的扭曲的蛋白质链）。[2] 他用自己的名字命名了这种疾病，并耗费他的余生发表了关于这种疾病的一些论文，令他失望的是，这些论文在很大程度上被医学界忽视了。

在接下来的 75 年里，医学界鲜有对阿尔茨海默病的研究，部分原因在于当时的医生错误地假定，它是随着年龄的增长，动脉不可避免地硬化所致，而且医生普遍将老年人排除在新兴的大脑研究领域之外。[3] 但这种疾病就是一颗嘀嗒作响的定时炸弹；今天，近 600 万美国人患有阿尔茨海默病，约占美国 65 岁及以上人口的 10%。

不过，阿尔茨海默病在不同文化中造成的后果并不一样。例如，痴呆在美国的患病率比印度高 5 倍。[4] 尽管记录这一数据的科学家推测这种文化差异可能是饮食造成的，但在我看来，年龄观念可能在这一明显的差异中发挥了作用。在印度，老年人受到极大的尊重，经常受邀为各种问题（从金融投资到家庭冲突等）提供建议。[5] 这与美国普遍存在的经常贬低老年人的年龄观念文化截然不同。

我读研究生时的同学劳伦斯·科恩（Lawrence Cohen）现在是加利福尼亚大学伯克利分校医学人类学项目的负责人，他给我讲了一个故事。他曾参加在萨格勒布举行的一次全球会议，一位来自印度的人类学家就印度东北部某个部落的老人的长寿情况做了演讲。[6] 在他讲完之后，一位美国老年学家问到这些老人中痴呆的患病率。但这位演讲者似乎没有理解这个问题。其他来自北美的老年学家也站起来帮忙。这似乎是一个翻译的问题。他们改用"老年性痴呆"。但演讲者对他们的术语并不熟悉，问道："阿尔茨海默病？"另一位美国老年学家试着解释："我们想说的是'老迈'。"终于，印度人类学家点了点头，表示他现在明白了这个问题。观众们松了一口气，语言上的沟壑得到了消弭。

印度人类学家解释："在这个部落里不存在老迈。"对他来说，这是显而易见的。他刚刚描述了一个与世隔绝的社会，在这个社会中，仍然保持着传统的印度多代同堂家庭；在这样一个没有年龄歧视的社会中，老年人得到了很好的照顾，受到了重视，并融入了集体的社会生活。他倒是奇怪，为什么觉得他们会变得老迈？

为了研究年龄观念如何影响了我们大脑对痴呆的易感性，我再次把目光投向巴尔的摩老龄化纵向研究，该研究长期以来一直对一组志愿者进行每年一次的大脑扫描。还有一个组的成员自愿捐献他们的大脑，供死后进行解剖和研究。所有这些志愿者在开始参加研究时都描述了他们的年龄观念，当时他们身体健康、没有痴呆，离他们的大脑被扫描或解剖还有数十年。我的团队从中发现，有消极年龄观念的人比有积极年龄观念的人更容易出现明显的斑块和缠结。[7]事实上，前者海马体（大脑中负责记忆的部分）的萎缩速度是后者的 3 倍。

我们的结论是：年龄观念（既是个体因素也是文化因素）会影响这些阿尔茨海默病生物标志物出现的可能性。

用年龄观念战胜风险基因

阿尔茨海默病是一种脑细胞逐渐死亡的神经退行性疾病，它具有遗传基础。也就是说，出生时带有一种叫作 APOE ε4 基因的人比其他人更容易患上阿尔茨海默病。在看待健康问题时，基因很重要。你可能听过一些人说"基因就是命运"。这种观点认为，关于你的一切都由你的基因决定。在高中生物课上，学生们认识了格雷戈尔·孟德尔，这位 19 世纪的奥古斯丁修道院院长通过研究和杂交不同品种的豌豆发现了遗传规律。他发现，正是豌豆的基因决定了植株的高度或叶子颜色等性状。很长一段时间里，我们都认为这个发现同样适用于人类：基因控制着我们的智力、吸引力、性格和健康。

虽然孟德尔基于豌豆的许多观察已经成为现代遗传学的基础，但在过去几十年里，一个称作表观遗传学的领域已经取得了巨大的进展。这个领域显示了环境因素是如何影响基因对结果的决定的。例如，如果孟德尔尝试对一半的种子唱歌，并发现这些听过歌的种子长出的豌豆植株比在寂静中生长的植株要高，那么他就涉足了表观遗传学。（据我所知，孟德尔并没有尝试这种音乐实验。）

一项有趣的表观遗传学研究表明，那些受到母亲理毛、舔舐和哺育较多的小鼠，会发展出新的有适应性的基因，并将其传给自己的后代。[8] 大量不同的因素能够影响基因的表达。科学家越来越多地发现，文化和环境因素在决定我们的健康方面发挥着重要作用。举个例子，考虑一下美国拉丁裔儿童的哮喘风险：其中一些是编码于祖先的遗传成分中的，但也有一些环境因素，比如空气污染，在少数族裔社区往往更严重，会加剧哮喘风险的遗传表达。[9]

同样，对于阿尔茨海默病，我发现在各种环境因素中，年龄观念可以参与决定与这种疾病有关的基因的表达方式。

正如我们生来就有一双棕色、蓝色、淡褐色、绿色或灰色的眼睛，我们也生来就携带稍微不同的各类 APOE 基因：ε3、ε2 或 ε4 变异。我们中的大多数人生来就携带 ε3 变异，它并不影响我们对阿尔茨海默病的易感性。我们中有 10% 的人很幸运，生来就携带 ε2 变异，它可以防止痴呆并促进长寿。不幸的是，在阿尔茨海默病中起作用的是 ε4 变异。大约 15% 的人生来就携带这种变异。令人感兴趣的是，这些人中只有一半会发展成阿尔茨海默病。这是什么原因呢？

　　为了找到答案，我对全美 5000 多名老年人进行了为期 4 年的跟踪调查，发现了一个比我预期的要大得多的效应：**在携带 APOE ε4 风险基因的受试者中，那些有积极年龄观念的人患上痴呆的可能性比有消极年龄观念的人要低 47%**。事实上，正如你在图 4-1 中所看到的，他们患上痴呆的可能性与那些没有风险基因但有积极年龄观念的人大致相当。换句话说，**从生物学角度他们注定要患上痴呆，但他们中的一半人却没有患上这种疾病—这部分归功于他们积极的年龄观念所提供的保护。**[10]

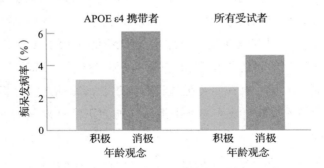

图 4-1　积极的年龄观念降低了痴呆风险

注：这些观念降低了所有受试者的痴呆风险，包括那些携带风险基因 APOE ε4 的人。

这项研究是第一个考察某个社会因素（在该研究中是年龄观念）是否可以降低 APOE ε4 携带者以及一般老年个体痴呆风险的研究。我们发现年龄观念在降低痴呆风险方面的作用远远大于最常研究的那些风险因素，如年龄、性别、抑郁和发病之前的认知测试分数。

用年龄观念预防阿尔茨海默病的症状

尽管大量阿尔茨海默病患者都会出现与我祖父在生命晚期记忆和性格丧失一样的症状，但其他那些大脑中堆积了相同标志性淀粉样斑块的人，其认知能力仍然相对完好。他们的大脑显示出阿尔茨海默病的典型生物标志物，却几乎没有表现出该疾病的临床症状。

为了更好地了解这种情况是如何发生的，我采访了一项正在进行中的大型研究的若干受试者。该研究名为无症状阿尔茨海默病的抗淀粉样蛋白治疗研究（简称 A4 研究），由美国国家老龄化研究所支持，目前正在美国、加拿大和澳大利亚的 60 个地点开展。[11] 该研究的目的是找到预防阿尔茨海默病症状出现的方法。为此，研究人员一直在研究那些具有阿尔茨海默病的神经标志物之一（升高的淀粉样斑块水平）但认知能力正常且没有可观察到的痴呆的人。

我首先采访了艾米，她是一位 82 岁的退休簿记员，出生在牙买加，目前住在芝加哥。她最初参加 A4 研究是因为她的姐姐想参加研究，却被发现有痴呆症状而没有通过筛选。艾米自愿成为姐姐的替代者，虽然她的大脑中有标志性的淀粉样斑块堆积，但没有表现出任何症状。

在做了 6 年的磁共振成像扫描、问卷调查和记忆游戏，以及一次不舒服的脊髓穿刺后，她很感激自己头脑仍然清醒。如今她过着平静而满足的生活：去教堂，经常与女儿通电话，做很多牙买加菜。她在蒙特哥贝外围郁郁葱葱的山上长大，没有电和自来水。她的父亲是一名校长和教会执事，作为长者在社区受到关注和尊重。她还记得，当他被要求处理社区问题时，比如高中毕业人数下降，他经常与其他村里的长者合作，提出创造性的解决方案。

在美国生活了快一辈子，主要与其他加勒比海地区移民交往的艾米，经常被美国人对待老人的方式所困扰。在过去的 10 年里，她为一个帮助芝加哥贫困社区的儿童提高阅读能力的组织做志愿者，其中有些孩子以粗鲁和傲慢的方式同老年志愿者说话，她常常为此感到震惊。老师们不但不训斥这些孩子，有时反而对他们的言行付之一笑。

这种对待老年人的方式与艾米在牙买加的经历形成了鲜明对比。许多加勒比海地区的文化将尊重老年人放在其价值体系的首位，这往往使照顾老年人成为一种激发自尊的活动。由于艾米的认知能力较强，比她的姐姐更便于行动，所以她来照顾姐姐。她告诉我，在成长过程中，她们两个人的关系并不是很亲近，但现在她们是最好的朋友，彼此深深地欣赏对方，这种感受是前所未有的。家庭填充了艾米退休后生活中留白的空间。她尽可能多地与姐姐以及大女儿见面。

是什么让艾米对临床痴呆症状有抵抗力，即便她的阿尔茨海默病生物标志物水平升高了？我们有理由相信，年龄观念起到了关键作用。虽然无法治愈，但控制阿尔茨海默病最有效的方法是减少应激。[12] 应激会增加大脑中的炎症，而慢性炎症在众多疾病中起作用，[13] 进而为神经疾病的发展铺平道路。接下来，疾病本身破坏了参与应激反应的神经和内分泌通路，从而加速了疾病的进程。这是一个恶性循环，最好是通过良好的应激管理来对抗，正因为如此，医生才频频关注应激以及那些通过定期锻炼和健康饮食习惯来减少应激的方法。

我们应该考虑的另一个减少应激的因素是年龄观念。我在哈佛医学院做博士后时，在一项针对波士顿老年人的实验研究中，我发现消极的年龄刻板印象会放大应激，而积极的年龄观念则起到了缓冲作用。[14]

由于积极的年龄观念具有抵御应激的性质，它们甚至可以帮助那些携带 APOE ε4 风险基因的人抵抗看上去由生物学注定的命运。这可能就是发生在艾米身上的情况，她有阿尔茨海默病的大脑病理，却没有表现出认知症状。部分归功于她积极的年龄观念，她能更好地处理应激，她通过在镇上散步、做拼图和填字游戏，促使自己保持身心活跃。她尤其擅长拼字游戏，任何和她玩过几次的人都会拒绝把这个游戏作为日常消遣。她的姐姐偶尔会试图偷偷塞进牙买加方言词语，但艾米很执拗：如果拼字游戏词典中没有这个词，那就违反了规则。

做到健康的生活方式不一定很难，也不一定很花钱。在艾米的例子中，简单的快乐就是最健康的快乐。在新冠病毒大流行之前，她在教会中尽其所能地帮助他人，做花艺和簿记工作。我们谈话期间，新冠疫情让所有人都被关在室内，于是她把时间花在了做饭和给她姐姐送饭上。那天下午，她正在做面粉饺子，并用牙买加调味料烧烤红鲷鱼。

艾米的生活方式浸润在她积极的年龄观念之中，这些观念根植于她在牙买加的成长经历。例如，她打心眼里相信，老人的意见是宝贵的。因此，随着年纪渐长，艾米变得更加直言不讳。她一直很内向，在集体谈话中连随声附和都不好意思，"绝不是个会说话的人"。但随着年纪渐长，她变得更加外向，渴望表达自己的想法。仿佛童年时直言不讳的长者附体，如今她会让她的朋友和身边的人知道她的感受，特别是当她遇到年龄歧视时。认识艾米后，我想起了反年龄歧视活动家团体"灰豹"（Gray Panthers）的创立者玛吉·库恩（Maggie Kuhn）说过的一句话："老年是愤怒的绝佳时期。"**15**

两个年轻的医生等于一个年长的乔纳斯

来自美国中西部的 75 岁儿科医生乔纳斯，证明了老年还是成长的绝佳时期。有一天他看到一份传单，邀请人们参加一项阿尔茨海默病研究的筛选。那段时间，他正在哀悼患阿尔茨海默病去世的父亲，所以他决定去试试。现在他成了 A4 研究的受试者，这意味着和艾米一样，他的阿尔茨海默病生物标志物淀粉样蛋白的水平很高，但他的认知能力未受影响。乔纳斯是那些被这种疾病盯上却成功抵御其症状的人中的一员。

几年前，乔纳斯从临床实践中退休，继续从事教学工作。

他告诉我："我在临床职业生涯的最后阶段意识到，**大多数人在精通某件事情之后不久就会迎来退休**。"他提到女儿曾打趣地提醒他，鉴于他积累的知识和诊断能力，大学需要雇用两名年轻医生来填补他的空缺。

退休恰恰发生在从业者技能最熟练的时候，意识到这一点是在他退休前的一两年，有一天一位年轻的同事让他去看一个自己搞不定的病例。患者是个婴儿，坐在母亲的腿上，会不时垂下小脑袋，抽动一下。乔纳斯说："在几分钟内，我就下了一个明确的诊断。"

事实表明，这个婴儿患有癫痫。尽管乔纳斯马上就发现了这一点，但他还是对婴儿进行了更长时间的检查，并与母亲进行了交谈，然后再与同事交流。这位年轻医生听到乔纳斯的诊断，眼睛里闪过一丝亮光。那天下班时，乔纳斯成了儿科诊室的话题人物。那天晚些时候，当他坐下来记笔记时，另一个年轻同事从她的电脑椅上转过身来，说："教教我吧，老乔！你是怎么做到的？"

这种病例乔纳斯以前见过，而他的年轻同事压根没见过。他意识到可能有许多像这样的情况，年长的医生凭借他们的经验，更擅长做出诊断或看问题更全面。

虽然他说自己不想与年轻医生竞争去试图跟上最新的生物化学研究进展，但乔纳斯发现，当医院和医学院试图悄悄地把年长的医生推走时，会产生反作用，而且会造成伤害。他任教的大学现在会对年长医生的认知能力进行测试，测试不是基于他们表现

出任何认知能力的下降，而是仅仅基于他们的年龄。至少有一位
医生正在进行反击，起诉该大学对员工的年龄歧视。

"当你年轻的时候，"乔纳斯描述起临床实践中心照不宣的等
级制度，"你往往会被当作一个年轻气盛的家伙，你的存在被无
视。而一旦你上了年纪，就会被当作一个冥顽不灵的老家伙，没
有任何价值。这中间只剩下一二十年的时间，你受到的尊重与你
自己的技能水平是相匹配的。"

当乔纳斯听到我的研究领域时，他告诉我，随着时间的推
移，他的年龄观念有了极大的改善。"当我刚参加工作还是一个
年轻的儿科医生时，我认为老人有些老态龙钟、难以自立，但是
当我接触到那些在年老时意气风发的年长导师和同事时，这些刻
板印象就消融了。"现在乔纳斯自己也老了，他津津有味地享受
着生活，几乎在他做的每一件事中都能找到乐子。不过他还在
想，是否可以让退休的医生伸出援手，分享临床经验，从而发挥
余热。

乔纳斯在一家教学医院工作，他会参加大查房，这是每周一
次的会议，通过展示病例来帮助医生、住院医师和医学生了解病
人护理方面的最新情况。他通过向附近一所医学院的一年级新生
讲授医学诊断课程来分享他几十年积累的知识。

他还醉心于法式烹饪，在补光灯下种植稀有的兰花，整个
下午都沉浸在他不断扩充的家谱整理工作中。他痴迷于近距摄影
（他喜欢关注大自然中意想不到的形状和纹理）。早晨他会在脖子
上挂着相机进行长距离的散步。

他还是一名着迷于飞行的业余飞行员，当说到从高空与太阳平视的角度看世界时，他欢快地笑了。他能够把他为诊断和治疗发展出的敏锐的空间视觉技能应用于专业地察看天空。他告诉我，最近有一天下午，他在空中听到广播说正在搜寻一架坠落的小型飞机。他找到了那架飞机并在附近降落，救出了飞行员，再继续上路飞往他要去参加的婚礼。

他的这种良好的老龄化模式是有用的。他的母亲就是受益者，他和她非常亲近，她已经 97 岁了，独自生活在阿尔伯克基市。作为一个青年医生和后来的中年医生，乔纳斯曾把自己交给年长的导师。从一位年长的同事那里，他了解到社区卫生中心的极端重要性和社区卫生的理念。有一位年长的心脏病专家教给他很多对患者的同情心和善意。作为一名儿科医生，他对那些带着孙辈来看病的祖父母产生了敬意。他大笑着告诉我："那可是最艰难的问诊。我总觉得我受到那些祖父母，特别是祖母的严密监察。"

幸运的基因、年龄观念和旺盛的大脑

像乔纳斯和艾米这样的人是活生生的证据，证明我们的神经元和基因并不一定昭示着命运。事实上，我发现年龄观念对认知能力的影响比最知名的影响认知的一个基因要大 15 倍。我们对老龄化的刻板印象就是如此有威力。[16]

还记得 APOE 基因吗？ ε4 变异会增加你患阿尔茨海默病的

风险；另外，ε2 变异通过清除淀粉样斑块并增强我们大脑突触之间的连接，有助于提高我们年老时的认知能力。[17] 在另一项 APOE 研究中，我发现有幸生来就携带 APOE ε2 基因的人仍然会从接受积极的年龄观念中受益，他们在认知测试中比具有消极年龄观念的 APOE ε2 对照组表现得更好。这表明，我们的基因被编程来影响我们的行为，而这一过程背后的机制可以被我们的年龄观念改变。

好消息是，对于我们这些没有携带 APOE ε2 基因的人（也就是大约 90% 的人），如果我们接受积极的年龄观念，我们患痴呆的风险就会和那些生来携带 APOE ε2 基因的人一样低。[18] 如果你还记得，拥有积极的年龄观念会促进锻炼、社交和智力参与，并减少应激（所有这些都会增强大脑健康），那么上述结论就是说得通的。换句话说，年龄观念是一种文化上的 ε2 变异。

长期以来，科学界将大脑老化的故事视为不值得研究的一出悲剧。科学界错误地假定，人类的大脑在儿童和青春期用了最美好的时光发育，然后在成年早期的某个时候达到顶峰，接着在其神经元停止形成新连接时开始稳步退化。脑科学研究人员直到最近才开始以研究早期大脑的同等热情来研究老化的大脑。[19] 他们发现，老年大脑的神经元能够成功地建立新的连接。

可塑性和再生是整个动物界和生命全程的大脑都具备的核心素质：成年金丝雀的大脑基本上在每个交配季都会"重生"，以便它们能够学习新的求偶曲，[20] 从而在求偶和爱情方面与时俱进。当老年实验大鼠获得一种充实的体验，比如有机会探索带有斜坡、轮子和玩具的有趣空间时，你会在它们的大脑中看到同样的神经增长。[21] 事实证明，老年人的大脑经常再生。[22]

我们的大脑，像我们的其他器官一样，必须得到合适的照顾和滋养。对老龄化持消极看法的老年人，他们因此不再锻炼或者不再保持智力参与，并经历更多的应激，那么你恐怕不会从他们的大脑里看到很多再生；你甚至可能看到神经元的丧失。具有积极年龄观念的老年人，可能会受到激励去学习杂耍，或者参加广场舞课程，或者练习他们高中时学过的法语，那么你可能会从他们的大脑里看到神经元生长的显著增加。[23]

我们都是生物，但我们并不完全受制于我们的生物学机制。有了正确的老龄化观念，我们就可以在变老的过程中增强我们的生物学指令。

5

晚年的心理健康成长

　　有消极年龄观念的老年患者存在更
严重的心理健康问题，但由于我们的卫
生保健系统自带年龄歧视属性，他们往
往无法得到充分的治疗，这就导致了心
理健康问题的加剧，反过来又加深了这
些问题是老龄化所固有的、老年患者就
是无可救药的刻板印象。

　　我对老龄化的兴趣是兜兜转转之后产生的。高中时，我曾用一个暑假的时间，志愿给一位研究创造力和心理健康的心理学家做助手。他的办公室在麦克林医院，这是哈佛大学附属的一家精神病医院，坐落于波士顿郊外一个树木葱郁的美丽校园里，由多幢维多利亚式房屋改建而成。我喜欢这里的环境，并对我最喜欢的一些诗人和音乐家，像西尔维娅·普拉斯、雷·查尔斯和詹姆斯·泰勒，都曾在此接受治疗感到好奇。

　　大学毕业后，我来到麦克林医院的人力资源部门求职。由于我没有任何临床经验，唯一合适的职位是一个入门级的职位，而这个职位恰好是在老年患者的病房里工作，这让我感到很沮丧。我认为这份工作会无比压抑。作为一个 21 岁的年轻人，我先入为主地觉得精神疾病在老年人群体中很泛滥，而且这些疾病不能被有效治疗，只能被适当控制。这就是我当时的年龄观念。我想象着一幢阴郁、嘈杂的医院楼，无助的老年患者蹲在角落里或者躺在走廊上，任由其自生自灭。但这是我唯一的工作机会。那就试一下吧。

　　在一年的时间里，我在病房里为患者提供膳食，填写健康记录，甚至陪同患者进行电休克疗法治疗。这种疗法用电来冲击大脑，产生小的癫痫发作，可以缓解抑郁症。这种疗法帮助了一些对其他类型的疗法没有反应的患者，但看着患者被绑在他们头上的电线电击并抽搐，让我感到不安。

　　另外，这份工作中让我最喜欢的一个部分，是在 8 小时的轮班中给我受命监测的 7 位患者撰写进展记录。大多数从事心理健康工作的同事都在轮班中磨洋工，往往只给每位患者草草写上一两句话："丽萨午餐吃掉了大半碗，并参加了团体锻炼课程。"但我真的很喜欢这项任务，因为它让我有机会采访患者。每当我与他们交谈时，我都试图了解一些关于他们背景的新情况，或者他们对自己的家庭或正在接受的治疗的感受。也许我在这些进展记录中表现得有点过分热心，有时会写上好几页，但这些笔记肯定有助于我更好地记录自己的学习过程。

在这一年的工作中，我了解到，与我最初的假定相反，老年人患精神疾病的情况实际上比年轻人要少得多，而且大多数患有精神疾病的老年人都能得到有效治疗。

几乎每个星期，医院全体员工都会召开组会，从十几个不同的角度讨论每位患者。我看着并听着护士、社会工作者、精神病学家、临床心理学家、神经心理学家、精神药理学家和其他人挤在医院优雅的维多利亚式建筑中的一个房间里，整合他们的各种视角。几个小时里，他们会讨论患者的文化背景、生理状况、工作经历和社会关系，以便更好地了解是什么导致他们入院，以及哪些方法可以帮助他们康复。

在这些组会中，我还学到，我们的心理健康取决于许多不同因素的微妙互动。例如，我听说一位华人老妪将她强烈的焦虑归因于其子女不尊重她，拒绝让她去看传统的中医。虽然许多西医可能会贬低传统中医的有效性，但麦克林医院的医务人员没有这样做；相反，他们花了很多时间分析患者和她的子女之间的文化与心理动力学，以便更好地理解和有效治疗她的状况。

后来，当我在发展自己的理论和研究，开始了解年龄观念等社会因素如何影响生理机制并与之互动时，我经常会回想起麦克林医院的那些启人心智的组会。

年龄观念对应激的影响

正如眼镜和望远镜能改变进入我们眼睛的光量和细节，我们的年龄观念决定了进入我们身心的应激源的种类和数量。这些应激源反过来又会对我们的心理健康产生影响。

在确定年龄观念如何影响我们生理机能的第一项研究中，我发现积极的年龄观念是抵御应激的屏障，而消极的年龄观念会放大应激。[1]我仔细研究了自主神经系统，它与战或逃反应联系在一起。当我们遇到突如其来的威胁（如一头横冲直撞的公牛）时，自主神经系统会促进肾上腺素的释放，促使我们即刻去对抗或者躲避它。在短期内，这种肾上腺素的刺激帮助我们更好地战斗或更快地逃离，但长期暴露在肾上腺素和应激中则会损害我们的健康。

在这个实验中，我研究了年龄刻板印象是否会影响心血管反应性，即人们在对某个应激源做出反应时，其心率、血压和汗腺活动的飙升程度。为了更准确地模仿我们生活中反复接触的刻板印象，我们让受试者阈下接触两组积极或消极的年龄刻板印象并进行两次言语和数学测试。在言语测试中，受试者需要描述他们过去五年中感到最紧张的事件。他们谈到了从车祸到被逐出公寓等各种情况。

我惊讶地发现，甚至在没做数学和言语测试之前，光凭消极的年龄刻板印象就产生了巨大而直接的应激。事实上，这种应激水平比随后两组测试所引起的应激水平要高得多。

不过，积极的年龄刻板印象却产生了相反的效果。在我们第一次阈下呈现它们时，它们没有产生什么影响。但是第二次阈下呈现它们就起到了缓冲作用：在第二次数学和言语测试中，自主神经系统的应激水平不仅没有增长，实际上反而下降到了第一次测试之前的水平。换句话说，虽然积极的年龄刻板印象需要一些时间来发挥其保护作用，但最终它们能帮助受试者在应激情境下恢复平静。这表明，多次接触积极的年龄刻板印象可以帮助老年人降低长期应激并从挑战性事件中恢复。它还指出了我们的年龄刻板印象与我们的身心健康的相互依存性。

为了弄清楚我们在实验室里发现的年龄观念对应激的影响是否也在社区环境里长期起作用，我分析了由马里兰州巴尔的摩的美国国家老龄化研究所的一组研究人员在 30 年间收集的数据。受试者在第一次访问该研究所时提供了他们的年龄观念。在接下来的 30 年里，每隔 3 年，当受试者重返研究所时，研究人员就会采集他们的皮质醇，即人体的主要应激激素。与肾上腺素一样，皮质醇有限度的飙升是有益的，但大量地增加则会损害身体，并与许多不良后果联系在一起。[2]

果然，我发现年龄观念明显影响了人们的皮质醇水平。从图 5-1 中可以看出，具有消极年龄观念的老年受试者的皮质醇水平在 30 年间增加了 44%，而具有积极年龄观念的受试者则下降了 10%。[3]

　　在发现更消极的年龄观念和更高的应激水平之间的关系后，我想知道年龄观念是否也会导致或避免晚年的精神疾病，毕竟应激常常是心理健康问题中的一个主要因素。我对老年退伍军人进行了研究，他们在军队的生活环境可以想见会导致高于正常的精神疾病发生率。毕竟，许多军人曾经历过战斗、暴力伤害和战友的死亡。在美国各地的退伍军人样本中，我们发现那些有积极年龄观念的人在接下来的 4 年中更少出现自杀念头、抑郁症和焦虑症。[4] 积极的年龄观念甚至有助于缓解那些经历过战斗的军人的创伤后应激障碍。[5] 形成对比的是，消极的年龄观念使退伍军人面对逆境时更难恢复过来，他们患上精神病的比例更高。

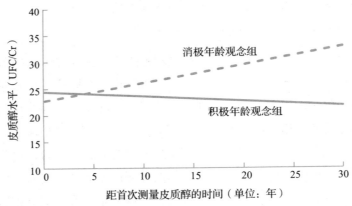

图 5-1　持有消极年龄刻板印象的老年受试者的应激水平在 30 年间持续增加

　　注：持有消极刻板印象的受试者表现出应激生物标志物皮质醇水平的增加；而持有积极年龄刻板印象的受试者表现出皮质醇水平的下降。

消极年龄观念是心理健康的绊脚石

在机构层面，心理健康专业人员持有的消极年龄刻板印象也会对老年人造成伤害。服务提供方往往对老年患者治疗不足，因为他们认为老年人有精神疾病是正常的，特别是抑郁症。[6] 这就形成了一个非常恶性的循环：有消极年龄观念的老年患者存在更严重的心理健康问题，但由于美国的卫生保健系统自带年龄歧视属性，他们往往无法得到充分的治疗，这就导致了心理健康问题的加剧，反过来又加深了这些问题是老龄化所固有的、老年患者就是无可救药的刻板印象。尽管 65 岁以上的人患精神疾病的可能性比他们年轻时要小，但每五个人中就有一个人经历过某种精神疾病，由于医疗体系中保有的年龄歧视刻板印象，最有效的治疗方法对他们而言往往遥不可及。[7]

从弗洛伊德到普洛特金：老年患者特别值得治疗

老年人没法接受心理健康问题的治疗是因为他们太僵化，这种有害的刻板印象可以一直追溯到精神分析的创始人西格蒙德·弗洛伊德，他不鼓励治疗师治疗老年患者。他认为，在患者中，"接近或超过 50 岁的人，其治疗所依赖的心理过程通常是缺乏弹性的，老人是没法再教育的"。[8] 换句话说，弗洛伊德认为，老年患者过于固执，无法做到成功治疗所需的那种自我反省。

弗洛伊德的一些消极年龄观念可能源自他在奥地利的成长过程中的年龄歧视环境，特别是他自己的母亲阿玛利亚。（弗洛伊德的著名论断是，人们的许多问题都来自他们与母亲的关系。）弗洛伊德的传记作者欧内斯特·琼斯是这么描写阿玛利亚的："90岁时，她拒绝了一件漂亮的披肩作为礼物，说它会'使她看起来老态龙钟'。95岁时，距她去世前6个星期，她的照片出现在报纸上，她的评论是'一张糟糕的复印物。它使我看起来有100岁'。"[9]

弗洛伊德认为老年患者僵化的观念颇具讽刺意味，毕竟他作为思想家的一个非凡特质是，他有诚意和勇气随着年龄的增长，承认他以前思想中的根本错误。[10]弗洛伊德70多岁时已是世界闻名，并13次被提名诺贝尔奖，他对自己著名的心理学模型进行了深入修订，包括无意识驱动我们行为的方式。但他从未公开修正过他对老龄化的看法。[11]

快进到一百多年后的今天，情况并没有好多少：弗洛伊德的年龄歧视观念在现代美国的心理保健系统中仍然大行其道。对700名心理学家和治疗师的一次调查发现，大多数专家都认为老年患者由于"心理僵化"而不适合治疗。[12]他们还对老年患者的状况改善抱有很低的期望（这被称为"治疗上的虚无主义"），他们中的许多人认为那些可治疗的疾病，诸如嗜睡和抑郁症，不过是正常衰老的标准特征。[13]

为了了解另一种关于心理健康和老龄化的当代观念，我采访了丹·普洛特金（Dan Plotkin）博士，他是洛杉矶一位70岁的精神病学家，在他的职业生涯中，他发现这种认为老年患者僵化的刻板印象是司空见惯的。40年前，当他开始接受精神分析培训时，要成为精神分析师必须完成3个患者的深度个案研究，他试

图把一位他称之为"JF"的 73 岁女性作为其中一个个案。他的
督导师断然否定了他的想法，他们坚持认为她的年龄是一个阻碍
因素。他们辩称，精神分析只对那些愿意深入探索和改变自己的
年轻患者有助益。在阅读丹的报告时，"他们一直愤怒地用红笔
圈圈划划，"丹回忆说，"他们说老年人不能做深度研究。"丹提
出了申诉，指出他的督导师存在年龄歧视，他们的决定最终被推
翻了。

这位 70 多岁的患者最终以非同寻常的方式从治疗中受益。
JF 当时正在处理的问题之一是她自己的衰老过程：她觉得由于
自己的年龄，她已经成了家庭的负担。但是，丹说，正因为她年
纪大了，她才能够与她自身相关的问题进行角力，而她在早年的
生活中并不愿意解决这些问题。"我们第一次见面时，她坐下来，
看着我，说道：'我想弄明白我的生活是怎么一回事。'"

他们开始一起解读她的生活。第一次谈话治疗令人动容，丹
几乎就要哭了。他们的治疗保持着成效，到治疗结束时，JF 感到
史无前例的快乐，并与关系疏远的女儿达成了和解，不久之后搬
到了离女儿更近的地方。她能够处理她的过去，并以一种有意义
的方式将她的人生往事汇总起来。到治疗结束时，JF 对自己作为
一个老年人的感觉更好了，重拾起她的幽默感和创造力。"她有
一种全新的价值感。她能够在她所爱的人和爱她的人的陪伴下度
过生命的最后岁月。"

丹告诉我，上述结果实际上是老年患者在治疗中的典型经
历：他们和年轻患者受到的助益一样多。事实上，他们往往比自
己年轻时更容易治疗，因为他们更善于反思，希望探究事物的本

质并解决他们的问题。那么，丹更喜欢治疗老年患者也就不足为奇了。

在患者的治疗过程中，衰老和年龄观念的话题经常出现。丹说，我的研究帮助他认识到这些观念在他的患者身上的文化根源以及它们对心理健康的影响。

他说，治疗要获得成功，需要一些有用的因素：有动力，能够反思自己的生活，并能够形成深入的关系。"这些特征，我们都是与正常老龄化联系在一起的！"丹说，"在生命的最后篇章，人们更加成熟，更多一点智慧；他们一般都找到了与自己和平相处之道。你没有那么自我，你对自己的神经症状了如指掌。"

科学研究支持了丹的临床观察，即老年人可能特别容易从治疗中受益。[14] 研究表明，在晚年，我们的情绪智力增长，花更多的时间回顾人生，对朋友有更多的梦想，并更尊重自己的直觉感受。[15] 例外也是有的，丹苦笑着说："但是，当人们坐下来喘口气，在他们70、80、90多岁时回首往事，大多数人都不会觉得他们的人生是一场灾难。"

那么，为什么老年人缺乏灵活性和充满心理健康问题的消极刻板印象会持续存在呢？[16] 除了心理健康从业者中长期存在的偏见外，还有一些重要的结构性力量促成并强化了医疗领域的年龄歧视。

与其他许多问题一样，这个问题很早就出现了，就是在医师培训中。很少有医学院要求学生学习老年医学课程，而且大多数老年医学课程最多只用一节课来讨论心理健康。在精神病学和心理学系，大多数课程、疗法和理论都聚焦于儿童期和成年早期。这样一来，在治疗老年人的治疗师中，只有不到三分之一接受过老龄化心理学方面的研究生培训，超过三分之二的治疗师认为他们需要并希望在这个领域接受更多的培训。[17]

医生们很快就会给老年患者提供药物治疗，这只需要较少的精力和时间来施治，而且短期内通常比药物与心理治疗相结合更便宜，尽管许多患者更希望疗程中也包含与治疗师的会面。研究发现，这种为老年人提供药物与谈话结合治疗的方法，无论从心理健康的结果还是从长期的成本来看，都比单独的药物治疗更有效。[18] 一个理想的治疗师，如丹·普洛特金，会找出老年患者抑郁症状的原因，并找到一种利用和加强他们的年龄专属优势（比如情绪智力的增加）的治疗方法。

滥用药物的现象在美国等许多发达国家普遍存在的营利性长期护理机构中尤为猖獗。2019 年，美国的长期护理行业市值达 5 千亿美元。[19] 在这些机构中，过度劳累的工作人员使用一些药物来帮助老年人控制痴呆症状，尽管美国食品药品监督管理局从未批准其中许多药物的这种用途，而它们可能导致疲劳、镇静、跌倒和认知障碍。[20] 平均每周，美国的养老院看护者给逾 17.9 万人用药，而这些人并未通过诊断获准使用这些药物。[21]

对老年患者的心理健康问题的诊断不足或误诊，部分源于医务人员倾向于忽视老年患者的症状。当医生发现患者有自杀倾向或抑郁症状时，较之于年轻患者，他们对老年患者进行治疗的可能性更低，而觉得这些是衰老的必然特征。[22] 这种忽视需要得到弥补，特别是考虑到老年人，尤其男性，属于最有可能死于自杀的群体之列，因为他们往往使用更致命的武器，计划得更周详，而且不太可能及时得到救助。[23]

　　美国不够健全的政策也解释了为什么老年人没能得到足够的心理保健。联邦医疗保险是针对 65 岁以上美国人的健康保险项目，它对老年人能够获得的已经很有限的心理健康服务做了限制。自 1989 年以来，联邦医疗保险对从业人员的资格认定规则一直没有更新，这意味着，即使有大约 20 万名有执照的咨询师和婚姻家庭治疗师，他们可以在很大程度上满足老年患者对心理保健的一些需求，但是联邦医疗保险却将这些类型的治疗师治疗老年患者排除在偿付范围之外。[24] 而且联邦医疗保险为其他类型的治疗师支付的费用非常低，以致于大多数治疗师都没有意愿去治疗老年患者。一个典型的精神病医生得到的医保偿付还不到他通常报酬的一半。这就是 64% 的心理健康从业者不接受依赖联邦医疗保险的老年患者的原因。[25]

　　不过，心理保健领域的结构性年龄歧视，就像我们个人的消极年龄观念一样，是可以逆转的。还记得我当初不愿意在麦克林医院的老年病房工作吗？丹·普洛特金也有类似的经历。从医学院毕业后，他和其他医学实习生抽签决定谁先去老年病房工作。"没有人想去。这里是洛杉矶，而加州是非常以年轻人为导向的。我们都非常害怕衰老。当然，我抽到了最短的那根签。"丹带着不情愿和厌恶的心情，步履沉重地走进了老年病房，令所有人特别是令他自己惊讶的是，他在那里做得很好。他喜欢里面的工作人员，尤其喜欢患者。患者中的许多人都很擅长融入，能够带着洞察力和幽默感来谈论他们漫长人生中的许多挑战和成功。

变老是获得智慧的成长过程

我在读研究生时，与创造了"同一性危机"这一术语的流亡心理学家埃里克·埃里克森⊖和他的妻子兼长期合作者琼成为朋友。如今，他们的生命全程发展理论最为大家所知。

我在马萨诸塞州剑桥市的埃里克与琼·埃里克森中心志愿担任舞蹈老师时（我与一位非常灵活且优雅的八旬芭蕾舞者共同授课），第一次见到了埃里克和琼，该中心距离我在哈佛大学讲课的威廉·詹姆斯堂骑车只要 10 分钟。当中心主任休假时，我担任了中心的代理主任，这种短途通勤对我有益。

埃里克森夫妇的家就在附近，我通过在他们家吃饭，逐渐熟悉了这对夫妇。他们和另外三个不同世代的人合住在一幢摇摇欲坠的维多利亚式房屋里，其中有一个年轻的研究生，一个刚开始工作的职业心理学家，还有一个中年的比较宗教学教授，他总是在烘焙面包。琼和埃里克喜欢这种共同生活带给他们的生动对话和交流。

埃里克结合了旧世界的精致和新世界的创新⊜。他有优雅的欧陆口音，受过声名卓著的维也纳训练（他与西格蒙德·弗洛伊德在同一个圈子里学习，并且是弗洛伊德的女儿安娜的患者），但也受过非传统的教育。在学习心理学之前，他曾作为艺术家接受训练，并在高中时终止了正式的传统教育。尽管直到 30 多岁才学

⊖　埃里克·埃里克森生于德国，母亲是犹太人，为逃避纳粹迫害，从奥地利维也纳流亡到美国波士顿，任教于哈佛大学。——译者注

⊜　所谓旧世界与新世界，是一种欧洲中心主义的划分。旧世界指欧洲、非洲和亚洲，新世界指美洲，直到 1492 年才被哥伦布发现。——译者注

英语，[26] 他却赢得了国家图书奖和普利策奖，这是美国最负盛名的两个文学奖。

在埃里克·埃里克森之前，人类发展理论往往聚焦在儿童期，并止于成年早期。然而，埃里克森对社会力量如何在我们的生命全程中影响我们的人格感兴趣。这部分是由于他对人类学的迷恋。他是人类学家玛格丽特·米德的亲密朋友，两人都对不同世代的人如何相互学习感兴趣。

在 60 多岁时，埃里克森把甘地作为他自己发展的榜样。1969 年，埃里克森因其研究甘地人生后几十年的心理传记而获得普利策奖。埃里克森不是作为历史学家，也不是作为印度问题专家，而是作为一个"受过临床观察训练的评论家"来写作这个主题。[27] 这使他能够探索甘地随年龄与日俱增的勇气的历史与心理来源。埃里克森尤其被甘地晚年的和平抗议方法所感动，比如他在 74 岁时为抗议英国殖民统治而进行的一次为期 21 天的绝食（他最长的一次）。

埃里克和琼在 80 多岁时修订了他们著名的人类发展心理模型，纳入对生命后期阶段的更多洞见。这一重要著作是基于对一群"世纪之子"（20 世纪初出生、当时已八旬的老人）的采访，名为《老年人的活力参与》(Vital Involvement in Old Age)。[28]

琼在谈到这本书时说："我们在 40 多岁审视生命周期时，会向老人寻求智慧。不过到了 80 多岁，我们就看向其他 80 多岁的人，看谁有智慧，谁没有智慧。很多老人都没有得到智慧，但你要是不变老的话，永远都不会得到智慧。"[29] 埃里克森夫妇在这本书中采访的一些人提到，幽默是应对意外的一个重要工具。正如琼·埃里克森所指出的："我无法想象一个不会笑的老人。这个世界充满了各种荒谬的二分法。"[30]

埃里克森夫妇还注意到，在人类发展的第八个阶段（通常从80岁开始），许多人经历了他们最深层次的亲密关系。这是因为，琼说，"你必须在多年的亲密关系中度过余生，面对这样一种长期关系中的全部复杂性，才能真正理解它。任何人都可以在许多关系中调情，但承诺对亲密关系至关重要。更好地相爱是源自对这种长期亲密关系的复杂性的理解。你在年老时了解到温柔的价值。你在晚年还学会了要无所保留地付出；要心甘情愿地爱，不求回报"。[31]

精神分析治疗师和剧作家佛罗里达·斯科特 – 马克斯韦尔（Florida Scott-Maxwell）表达了她自己在这个阶段的经历："年龄让我困惑。我原本认为这是一个安静的时期。我从70岁到80岁是有趣且相当宁静的，但我从80岁起是充满激情的。随着年龄的增长，我感情上变得更加热烈。连我自己都吃惊的是，我迸发出了炽热的信念。"[32]

在我每年教授的健康与老龄化课程中，为了鼓励对老年人内心生活的讨论，我播放了英格玛·伯格曼的经典电影《野草莓》。在电影的开始，该片主角，一位名叫博格的瑞典医生，承认他是孤立和孤独的。但他已经结束了自我欺骗。他告诉我们："在76岁的时候，我发现我已经老得不能再欺骗自己了。"然后他要和不喜欢他的儿媳一起开很久的车，去接受一个表彰他五十年来的医疗服务的荣誉学位。在旅途中，博格医生捎上了不同年龄的旅行者，代表了他人生的各个阶段。博格医生在整个电影进行过程中还做了生动的梦，反映他正在努力理解过去的冲突。

在影片结束时，博格医生获得了一系列关于他人生中的各种事件和关系的感悟，使他能够以一种新的、充实的方式与他人进行连结。因此，他赢得了他的儿媳以及在车窗外给他唱小夜曲的年轻搭车者的仰慕。

我从埃里克·埃里克森那里产生了播放这部电影的想法，他告诉我，他曾经在哈佛大学的生命全程发展课程中给学生播放这部电影（他们亲切地把这门课称为"从子宫到坟墓"），用以说明他的生命全程发展理论的各个阶段。他和我的这两门课都旨在表明，老龄化可以充盈着对早年人生冲突的克服，同时也是有价值的成长过程。

祖母是优秀的心理服务提供者

我们对改善晚年心理健康的认识几乎都是基于在高收入国家进行的研究。一个重要的例外是精神病医生迪克森·奇班达（Dixon Chibanda）进行的一系列研究，他在非洲东南部国家津巴布韦出生和长大，目前在那里执业。他提出了一个植根于积极年龄观念的想法，这个想法改变了他的国家的心理保健实践，并改善了成千上万老年人的生活。

他的想法被称为"友谊长椅"，借鉴了祖母们的智慧。这个想法是在奇班达医生作为一个拥有 1400 万人口的国家中仅有的

12 名精神病医生之一工作时产生的。他得知他的一个患者埃丽卡因为付不起去 300 公里外一家医院的车费而自杀了。奇班达医生告诉我，当时津巴布韦正在经历一个"社会、政治和经济动荡"的时期，在心理健康服务的提供和国民对心理健康的需求之间存在着巨大的差距。他决心找到一个解决方案，但是没有资金、没有场地，也没有可用的心理健康工作者。他甚至无法稳定地招募志愿者，因为许多青年男女和老年男子都离开了他们的村庄，尝试在其他地方找工作，通常是在矿区。

"我突然意识到，我们在非洲拥有的最可靠的资源之一是我们的祖母。是的，祖母。她们存在于每个社区。而且她们不会离开自己的社区去寻找更好的营生。"他想出了一个主意，教祖母们在公园的长椅上为村民提供谈话治疗，这是社区中一个安全而隐蔽的户外场所。

起初，奇班达医生"并不确信这能行得通"。他不知道祖母们是否会感兴趣，也不知道她们是否有执行这个项目所需的技能。因此，为了了解情况，他招募了 14 名没有接受过医疗或心理健康培训的祖母。他教她们做问卷调查，以确定来访者是否需要更高水平的护理，还教她们在一系列 45 分钟的疗程中进行谈话治疗。

两个月后，他观察到，祖母们不仅对充当业余心理健康工作者有兴趣和能力，而且"她们实际上在这方面很有天赋！我意识到，她们非常透彻地理解了我们所说的心理健康的社会决定因素。她们就是知道需要做什么。她们实际上有很多的资源，甚至不需要我加入。我的工作实际上是以一种结构化的方式为她们赋能，使用的是她们已经拥有的工具和知识"。利用这些工具，她们"是很好的倾听者，有能力传达共情和反思，并借鉴当地智慧和文化"。

友谊长椅在津巴布韦很受欢迎的原因之一是该国文化中强烈的积极年龄观念。奇班达医生指出："在我们的文化中，当涉及老龄化问题时，首先强调的是尊重。年长成员受到很大的尊重。我认为这可能是友谊长椅成功的原因。在来访者看来，祖母们'姜还是老的辣'。"

有 800 名平均年龄为 67 岁的祖母为她们的村民提供谈话治疗。友谊长椅的模式已经扩展到马拉维、博茨瓦纳和桑给巴尔，治疗了超过 7 万名各种年龄的来访者。当患者比较年轻时，祖母们称他们为"孙儿"。当患者年龄与祖母们比较接近时，她们就称"兄弟"或"姐妹"。

该项目的成功已经被几项临床试验记录在案。在一项发表在著名医学期刊《美国医学会期刊》上的试验中，奇班达医生的研究团队发现，**在减轻抑郁症方面，祖母比医生更有效**。[33] 在另一项试验中，他们发现祖母们自己也从提供友谊长椅的治疗中受益。一方面，奇班达医生认为这一发现令人惊讶，毕竟祖母们"花了这么多时间与受创伤的人交谈"；另一方面，他解释这一发现是说得通的："这项工作给了她们一种归属感和使命感。她们比其他不做这项工作的老年人做得更好，因为她们是在回馈社区——这些年来一直照顾她们的社区。而现在，到了暮年，她们正在为社区提供一些回报，并感受着这种巨大的回报。"

库西奶奶是一位住在姆巴尔的八旬老人，是奇班达医生特别钦佩的一位祖母。她是 15 年前首次招募的 14 位祖母中的一员，到现在已经成功地在友谊长椅上治疗了数百名来访者。他解释说："使她成为效果最好的祖母之一的原因是一种神奇的能力，即给人们空间来分享他们的故事。她自己也是一个出色的讲故事的人。她完全知道如何使用她的身体语言——她用手和眼睛进行交流的方式。她非常善于倾听，知道什么时候该向哭泣的人伸出自己的手。所有这些细节都是医学院或精神病学不教授的。她实在是太出色了。"

奇班达医生有一个梦想："全世界 65 岁及以上的人口有 15 亿。[⊖]想象一下，如果我们能够在所有城市建立一个全球性的祖母网络！"这支祖母大军（他觉得也可以包括无子女的老年女性和有子女或无子女的老年男性）将能够为目前没有得到任何治疗的数以百万计有需要的人提供心理健康服务。

尽管友谊长椅模式得益于已经具有积极年龄观念的一种文化，但它在其他有着更为消极的年龄观念的国家的试点项目中也取得了成功。大概是祖母们提供有效谈话治疗的例子有助于颠覆这些消极观念。当我听说奇班达医生的心理健康愿景时，我问他是否认为友谊长椅也能为减少年龄歧视做出贡献。他同意这也可以作为愿景的一部分。

⊖　此处数据有误，依据联合国发布的《2023 年世界社会报告》（World Social Report 2023）中的数据，2021 年，全球 65 岁及以上的人口为 7.61 亿。
　　——编者注

6

7.5 年的寿命优势

我查阅了俄亥俄研究受试者从中年开始的年龄观念，并随着时间的推移进行跟踪。我的发现令人震惊：对老龄化持最积极看法的受试者比持最消极看法的受试者平均多活了七年半。

几十年前，一个研究小组来到俄亥俄州牛津市一个静谧的小镇，邀请所有 50 岁以上的居民参加一个名为俄亥俄州老龄化和退休纵向研究的项目。他们向这些俄亥俄人提出了一系列关于他们的健康、工作生活和家庭的问题，以及他们对老龄化的看法。后者包括诸如"你是否同意随着年龄的增长，你会越来越没用"这样的问题。

如今领导迈阿密大学斯克里普斯老年学中心的苏珊娜·孔克尔（Suzanne Kunkel），本科毕业后第一次来到俄亥俄，加入了这个研究小组。她当时刚成为社会学的研究生，对发展心理学感兴趣。该研究的主任罗伯特·阿奇利（Robert Atchley）希望招募尽可能多的居民，因此苏珊娜来到牛津的头几周，一直在餐馆和咖啡店的大门上贴传单，查找选民名册，给镇上每个人寄明信片，请社区成员检索他们的通讯录，并鼓励每个人传播研究信息。这样做的目的是让所有适龄的居民都参与进来，无论他们是退休外科医生还是汽车修理工，是住在教堂街的某间庄严的砖房里还是住在拖车里，是苏格兰裔还是老挝裔，是保守派还是自由派。阿奇利认为这些差异将有助于他的分析，使他能够分离出社会学因素对老龄化的影响。[1]

在接下来的几十年里，苏珊娜和她的同事重返小镇 5 次，向居民问询后续问题。这项研究为 20 世纪后期美国的老龄化问题提供了一个最为丰富和详尽的视角，但其中一些最深刻的内涵却无人问津达 25 年之久。从日本回来后不久，我在研究生院偶遇了这项研究。我刚刚在一个百岁老人很常见的地方待了几个月，在那里，老龄化没有遭到回避，而是得到庆祝，于是我总在思考长寿。当时，我怀疑文化在塑造人们的年龄观念方面起着重要作用，我想知道年龄观念是否反过来对长寿有可被证明的影响。我听说俄亥俄州的纵向研究在一开始就测量了年龄观念。

当我与苏珊娜·孔克尔联系并向她提出我的想法时，她告诉我，尽管这些年来有些受试者已经去世，但他们的享年未被记录下来。因此，没有办法知道哪些受试者仍然健在或者已经死亡。

幸运的是，不久之后，我参加了一个关于老龄化的会议，在那里我发现了一个填补这个缺失的方法。我拎着一个帆布袋，里面装满了印着长寿相关文案的物品（沙滩巾、飞盘和遮阳帽——它们成了我的一些不同寻常的海滩装备），漫步于展厅中，一个打着波点领结、文质彬彬的男士递给我一把尺子，上面印着大写粗体的"NDI"。我不解地问他 NDI 是什么意思，他解释说，它表示的是全国死亡指数（National Death Index），是政府为跟踪所有美国人的寿命所做的努力。他说，就像出生登记册一样，在生命的另一头做了登记。"完美！"我大喊，把安静的展厅里的几个人吓了一跳。

会议上到处是著名的研究长寿的专家。每个人都在从不同的角度研究这个主题：有人用果蝇作为他的研究手段；有人在研究百岁老人的血压；还有人在研究瑞典的人口趋势。然而，似乎没有人对心理决定因素感兴趣，例如年龄观念。

现在我有了一种方法，通过将年龄观念叠加到这个刚知道的死亡率数据上，来研究这种联系是否存在。我查阅了俄亥俄研究受试者从中年开始的年龄观念，并随着时间的推移进行跟踪。我的发现令人震惊：**对老龄化持最积极看法的受试者比持最消极看法的受试者平均多活了七年半。**[2]

由于收集了这么多关于这些俄亥俄州人的信息，我能够确定，是年龄观念决定了他们的寿命，而且其影响超过了性别、种族、社会经济地位、年龄、孤独感和健康的影响。年龄观念使他们的寿命减少或增加了将近 8 年，比低胆固醇或低血压（两者都增加了 4 年的寿命）、低体重指数（增加 1 年）、戒烟（增加 3 年）都更有生存优势（见图 6-1）。

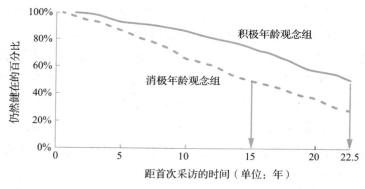

图 6-1　积极的年龄观念带来的生存优势

注：拥有积极年龄观念的受试者比拥有消极年龄观念的受试者平均多活 7.5 年。这是通过比较一半受试者仍然健在的组间时间差异来计算的，如箭头所示。

我在发表这些发现的论文中总结道："如果发现一种以前未得到鉴定的病毒会使人的寿命减少 7 年以上，那么社会可能会投入大量的精力来确定其原因并实施补救措施。在目前的情况下，有一个可能的原因是已知的，即被社会许可的对老年人的诋毁。

要想实施全面的补救措施，就需要滋生了这些针对老年人的诋毁性观点和行动的社会通过立法来阻止这些观点和行动。"[3]

这项研究得到了非常多的媒体报道，以至于有那么几天，我的生活显得颇为超现实。我从独自一人在耶鲁大学哥特式图书馆的地下小隔间里安静专注地阅读和写作，到被本地、全国乃至外国的广播、报刊和电视记者在街上围追堵截。突然成为被关注的焦点着实令人惊愕，但我很高兴，年龄歧视和年龄观念正在得到承认。

研究论文发表几周后，我接到了一通来自华盛顿特区的电话，是美国参议员约翰·布鲁（John Breaux）的工作人员打来的，布鲁希望我在一个关于年龄歧视的听证会上分享我的新发现。我有些犹豫，突如其来的各种关注已经让我心烦意乱，但我听说我的导师兼朋友罗伯特·巴特勒将会出席作证，作证的还有多莉丝·罗伯茨，她获得过艾美奖，已经 77 岁了，在《人人都爱雷蒙德》中扮演雷蒙德的母亲玛丽，于是我跟工作人员说我要参加。

听证会是在国会山的德克森参议院办公楼举行的。红木镶板的房间里挤满了参议员和记者。其他听证陈述人——巴特勒和罗伯茨，以及记者保罗·克莱曼（Paul Kleyman）和一家知名广告公司的合伙人——不仅详细谈论了年龄歧视的腐蚀效应，而且还谈论了与年龄有关的形象的重要性和影响，这些观点都是很有价值的。巴特勒展示了两张图片。一张是杂志封面的配图，展示了一群弯腰驼背、满脸褶子的老年男女（标题是"贪婪老怪"）；另一张是 92 岁的演员兼歌剧演唱家凯蒂·卡莱尔·哈特（Kitty

Carlisle Hart）那优雅、迷人还带着性感的肖像（出自《睿智女人》摄影集）。巴特勒展示这两张对比鲜明的图片是想表达，媒体和营销公司本不需要贬低老年人；有许多其他的方式来展示他们。[4]

接着，多莉丝·罗伯茨谈到了这些形象对个人的影响："我已经70多岁了，正处于事业的巅峰期和收入的高位期，多说一句，我的税收贡献同样很高。当我的孙辈说我很酷时，他们并不是在谈论天气。然而，社会认为我是可以被抛弃的。我的同龄人和我被刻画成依赖性强、无助、无生产力、付出太少却索取太多的人。"注意她用了"刻画"这个词。多莉丝·罗伯茨也把重点放在代表性和形象的问题上。

"事实却是，"她继续说，"大多数老年人是衣食无忧的中产消费者，比起大多数年轻人，他们有更多的资产，并有时间和才能为社会服务。主席先生，这不单是一种可悲的状况，这简直是一种犯罪。……晚年可以是人生中最有生产力和创造力的时期之一。在过去的100年里，诺贝尔奖得主获奖时的平均年龄是65岁。建筑师弗兰克·盖里在70岁时为西雅图设计了新潮的摇滚音乐博物馆。艺术家乔治亚·欧姬芙在80多岁时还很高产。这份名单上还有希区柯克、狄更斯、伯恩斯坦、福西、赖特、马蒂斯、毕加索和爱因斯坦，不胜枚举，按照目前的标准，他们都是在被认为过了巅峰期之后，创作出了个人的一些最佳作品。"

作为一名女演员，罗伯茨将她的愤怒指向了形象制造者——她所属并从事的娱乐业。她指出，尽管女演员"随着年龄的增长，演技越来越好"，但她的许多朋友，一群有天赋的40至60岁年龄段的女演员，"由于这个年龄段的女性角色稀缺，被迫靠失业金或福利维生"。[5]

轮到我面向参议员们发言时，我解释了我是如何发现消极的年龄观念不仅影响健康结果，比如记忆表现和心血管对应激的反应，而且还影响我们的寿命的。

我遇到的人仍然会提起这个关于长寿的发现。"哦，你就是那个发现如何多活 7 年半的人！"自从我发表这项研究以来，它的结果已经在 10 个不同国情的国家（如澳大利亚、中国和德国）得到了验证，并且已经成为世界卫生组织最近开展的对抗年龄歧视运动的基石。[6]

威斯康星州的一群老年活动家给我寄来了他们根据我们的长寿发现而制作的一些徽章，以此作为与人们开启谈论年龄观念的威力并对抗年龄歧视的一种方式。这些徽章上印着"关于 7.5，向我提问"。这一发现之所以能引起许多人的共鸣，是因为它驳斥了人们普遍认为基因完全决定了人的寿命的想法。知道了年龄观念对我们的长寿起着如此重要的作用，意味着我们可以增加对自己寿命的控制。因此，很容易理解为什么人们会佩戴"关于7.5，向我提问"徽章，而不是"关于基因，向我提问"徽章。

事实上，研究表明，包括年龄观念在内的各种非生物因素，对我们长寿的决定权重高达 75%。[7] 剩下 25% 被认为完全由基因决定，但这个比例可能更低，因为我们发现年龄观念会影响这些基因是否表达和如何表达。[8] 然而，早年间和正在进行的对长寿决定因素的研究大多聚焦在基因上。[9] 不仅如此，对非遗传因素的研究还大多聚焦于消极因素，比如疾病、受伤和认知能力下降，而不是保护性年龄观念等积极因素。

基因很强大，这是肯定的，但环境亦然。一些百岁老人生来就携带幸运的基因（如 APOE ε2），并代代相传。但许多百岁老人并没有携带这样的基因。[10] 有些甚至携带危险的 APOE ε4 基因，但他们能够通过环境来克服它的影响，其中就包括他们被他人对待的方式和他们从环境中汲取的观念。

以蜂王的寿命为例，来说明环境如何盖过基因。蜂王和工蜂拥有相同的基因，但蜂王的寿命比工蜂长五倍。它们虽然共用一个蜂巢，却基本上生活在两个不同的环境中。蜂王不吃工蜂常吃的花粉，而是由整个“宫廷”的侍从预消化它的食物，不断地给它准备和喂食一种特殊的蜂王浆。[11] 换句话说，在决定长寿的因素中，社会环境可以胜过基因。人类中类似的这种社会环境，就是一个充满了积极的年龄观念的文化，不仅将几代人团结在一起，而且还可以延长生存期，这与一个人的基因脚本无关。

年龄观念如何影响寿命

那么，我们从社会环境中接受的年龄观念与生存有什么关系呢？我的刻板印象具化理论已经解释了，这些观念如何影响我们晚年的健康，存在心理、生物和行为三种途径。[12]

心理机制包括生存意愿，这种感受是指生活中可感知的好处超过了可感知的困难。如果这听着有点抽象，那就把它想成是某种期待。哥斯达黎加人说"plan de vida"，美国人说"why I get up in the morning"，法国人说"raison d'être"，而日本人说"生き甲斐"。这些说法都可以被译作"生存意愿"或"存在的理由"。

生存意愿并不是一种崇高的哲学信念，而只是感觉到人生是值得过下去的。当我们关心所爱的人、照顾宠物、打理花园或从事对社会有贡献的工作时，我们就是在体现这种意愿。那些赋予我们目标的事情，那种"我们还有用"的感受，让我们产生了生存意愿。

我已故的同事、流行病学家斯坦·卡斯尔（Stan Kasl）证明了生存意愿（甚至只是存在一个期待的事件）可以延长寿命。他和社会学家埃伦·伊德勒（Ellen Idler）发现，严守教规的基督徒经常将他们的死亡推迟到圣诞节和复活节之后，而严守教规的犹太教徒则经常将他们的死亡推迟到赎罪日、逾越节和犹太新年之后。[13] 当我在健康与老龄化的课堂上谈论这一现象时，总有一些学生举手分享他们的亲戚将自己的死亡推迟到期待已久的一场婚礼或添喜之后的故事。

我在一个实验中证明了年龄观念对老年人生存意愿的巨大影响，其中一半的受试者受到了积极的年龄刻板印象启动，另一半则受到了消极观念的启动。然后，所有受试者都被告知以下场景：假如你得了一种快速发作的疾病，除非你选择一种积极的、昂贵的疗法，否则你肯定会在一个月内死亡；假设这种疗法能确保75%的存活概率，但会花光你几乎所有的积蓄，你的家人还需要花很多时间来照顾你，你会怎样做？我们发现，较为年轻的受试者，无论是否受到积极或消极的年龄刻板印象启动，都倾向于接受延长生命的治疗。相反，年龄较大的受试者，对他们来说，年龄刻板印象是自我相关的，他们会基于是否受到积极或消极的年龄刻板印象启动，而倾向于接受或拒绝这种延长生命的治疗。[14]

举例来说，64岁的波士顿人厄尼是芬威球场一个摊位的老板，他决定宁死也不接受延长生命的治疗。他受到的是消极年龄观念启动；而65岁的贝特经营着波士顿牙买加平地的一家美发店，她受到的是积极年龄观念启动，她说自己肯定会选择接受治疗。

在俄亥俄州研究中，我们已经证明，生存意愿是年龄观念影响生存的方式之一。所有的受试者都填写了一份生存意愿量表。那些有消极年龄观念的受试者更有可能将他们的生活描述为"毫无价值"或"空虚"，而那些有积极年龄观念的受试者则更有可能将他们的生活描述为"有价值的"或"充实"。在我们的俄亥俄州受试者中，那些设法抵御消极年龄刻板印象的人表达了更强烈的生存意愿，这反过来又预示着更长的生存期。[15]

虽然没有研究过，但我有一种预感，年龄观念影响寿命的生物途径与我们体验应激的方式有关。我仔细研究了一种叫作C-反应蛋白（CRP）的应激生物标志物，这是一种在血浆中发现的环状蛋白，其水平会随着应激的加剧而上升。[16]较早死亡的人通常有较高的CRP水平。[17]我们对4000多名50岁以上的美国人进行了6年的跟踪调查，追踪他们的年龄观念和CRP水平。结果发现，积极的年龄观念预示着较低的CRP，从而带来了更长的生存期。也就是说，**积极的年龄观念在生物层面上提高了抵抗和应对应激的能力，从而对长寿产生影响。**

最后，还有一个行为学维度将年龄观念和生存联系起来。这就是人们如何对待他们的卫生保健。消极年龄观念的一个主旋律是认为晚年的衰退是不可避免的。由此我们发现，**与拥有积极年龄观念的人相比，拥有消极年龄观念的人更少会参与有利于健康的行为，因为他们认为这是徒劳的。**[18] 我在新冠病毒大流行的早期阶段探索了这一发现的影响范围，当时美国正处于封禁中。我的团队测量了 1590 名年老和年轻受试者的年龄观念，并问他们新冠症状很重的老年人是应该去医院接受治疗，还是留在家里放弃治疗。[19] 年轻的受试者的年龄观念并不影响他们的答案，因为这些观念并不是自我相关的。而对于年老的受试者，他们的年龄观念越消极，对住院治疗的抵触就越大。这可能是因为他们觉得治疗是徒劳的。相比之下，那些具有更积极的年龄观念的年老受试者倾向于支持老年人在医院接受必要的治疗。

长寿是胜利而非负担

长寿并不是人类的一个新梦想。正如历史学家托马斯·科尔（Thomas Cole）所指出的："无论何时何地，人们都梦想着长寿，甚至是长生不老。"[20] 我们可以从历史长河中找到一些例子。五千年前的中华人文初祖轩辕黄帝，一直在寻求长生不老。古希腊人相信神是通过吃神食来抵御死亡。在歌德的德意志经典传说《浮士德》中，主人公与魔鬼讨价还价，以求长生不老。彼得·潘也从未变老。最近，还有不朽的青少年万人迷、吸血鬼爱德华·卡伦，他是《暮光之城》的主角之一，该系列浪漫奇幻小说和电影都非常受欢迎。

鉴于我们对活得越久越好的持续迷恋，有人可能会认为，我们这个物种所取得的普遍的寿命增长，应该带来与之相应的普遍庆祝。但事实远非如此，正如我们稍后会展示的。我们的寿命实际上已经比人类历史上的大部分时间里的正常寿命延长了两倍。[21] 在过去的 120 年里，我们的预期寿命增加了 30 年。正如罗伯特·巴特勒所指出的："在不到 100 年的时间里，人类在预期寿命方面取得了比之前 5000 年要大得多的进步。"[22]

没有迹象表明这种趋势正在放缓。我们寿命的稳步增长实际上是自然界中观察到的最线性和持续的趋势之一。正如人口学家詹姆斯·厄彭（James Oeppen）和詹姆斯·沃佩尔（James Vaupel）所指出的："在过去的 160 年里，预期寿命每年稳步增加 3 个月。"[23]

当然，不同地区、性别和族群的预期寿命存在差异。高收入国家和拥有更多资源的人通常比低收入国家的人更长寿，而且女性往往比男性更长寿。但这些趋势并不总是符合你的预期。例如，在美国，尽管包括结构性种族歧视在内的一些因素导致非裔美国人在较年轻的年龄组的平均预期寿命比白人短，但对于那些活到 80 岁以上的人来说，这一趋势发生了逆转，老年黑人的平均寿命比老年白人长。[24] 一些研究发现，老年黑人可能具有晚年生存优势的一个原因是，与白人文化相比，黑人文化有更积极的年龄观念。这可能是由于黑人文化有更多的代际家庭，祖父母经常参与照顾孩子；我们已经知道，代际接触会同时促进祖孙两代人更积极的年龄观念。[25]

全球人口寿命的增长并没有被看作人类几千年来梦寐以求的胜利，反而在很大程度上被描绘成将给世界人口带来负担的自然灾难。[26]自 20 世纪 80 年代以来，政策制定者、记者和评论员将无数的经济问题归咎于不断增加的老年人口，并对即将到来的各个国家的破产发出警告，但真正的罪魁祸首往往是迅速扩大的经济差距，财富一代一代地集中在越来越少的人手中。[27]（最近有人创造了一个词"千亿富翁"来描述新的财务人群，其中包括杰夫·贝索斯和埃隆·马斯克，他们的净资产都超过了 1 千亿美元。[28]）

长寿为社会带来的健康和财富

尽管媒体普遍认为，寿命的不断增加将耗尽公帑，使医院人满为患，但越来越多的证据显示，寿命的不断增加实际上预示着健康和财富。正如哥伦比亚大学梅尔曼公共卫生学院院长琳达·弗里德（Linda Fried）所言："唯一真正增加的自然资源是数千万更健康和受过良好教育的成年人所构成的社会资本。"[29]"社会资本"是一个广义的术语，通常指的是社会贡献，但长寿带来的资源还包括传统金融意义上的资本。一项对 33 个富裕国家的研究发现，人口老龄化与健康支出呈负相关。[30]换句话说，一个国家的人口越老龄，其在卫生保健方面的支出就越少。

此外，寿命的增长带来了麻省理工学院年龄实验室的约瑟夫·考夫林（Joseph Coughlin）所说的"长寿经济"。[31] 50 岁以上的人控制着美国家庭总净资产的 77%，他们在旅游、娱乐和个人护理产品上的花费比其他任何年龄段都要高，尽管他们只占总人口的 32%。[32]

老年人远没有像消极的年龄刻板印象所误解的那样，成为经济的消耗者，他们反而正在帮助推动经济：家庭内部财富的整体流向，从年长的亲属到年轻的亲属，要比相反的情况大得多。[33] 企业家在美国被誉为创造新生意和工作的现代英雄，而在成功的企业家中，50 岁以上的人比 20 岁出头的人多出一倍。[34] 经济学家发现，在许多国家，寿命的增加会带来国内生产总值的增加。[35] 在新加坡，年长的父母往往与最没钱的成年子女住在一起，这样他们可以最优地给子女们分配资源。这一现象的研究者发现，年长的父母提到了"通过提供物质支持的同时提供爱和陪伴，以期体验到心理上的满足和认可"。[36]

与认为寿命增加是医疗系统的灾难这一年龄歧视迷思相反，长寿实际上提供了可观的健康红利。这种迷思是基于一种有害的刻板印象，即衰老会带来一系列不可避免的生理和心理疾病，并伴随着不断膨胀的医疗费用。但不断积累的证据表明，随着人类寿命的增加，我们正在经历斯坦福大学医学教授詹姆斯·弗里斯（James Fries）所说的"病态压缩"（compression of morbidity），或者说不得病的年限越来越长。[37] 今天，人们在迈入 60 岁时没得任何慢性疾病的概率是一个世纪前的 2.5 倍。[38] 老年人比以前更健康、更有活力，残疾和患病率正在下降。[39]

托马斯·珀尔斯（Thomas Perls）是我在哈佛大学读研究生时的朋友，当时我们在一栋老砖楼里合住一个办公套房，楼下有我非常喜欢的一家餐馆，现在他发起并主持着世界上最大的百岁老人及其家庭的研究，即新英格兰百岁老人研究项目。他在读了罗伯特·巴特勒关于老龄化和年龄歧视的开创性著作《为什么生存？美国人的老龄化》（*Why Survive? Being Old in America*）后，立志就做一名老年医学专家，我知道这一点后，很快就和他成了好朋友。

托马斯在其开创性研究中发现了一个模式，他希望这个模式能够驳斥一种年龄歧视的观点，即人越老就越病。而他所发现的是，"人越老就越健康"。他解释说："这就是我们在百岁老人身上观察到的。要想活到更老的年纪，你就不能在一段时期内一直生病。你必须慢慢变老，或者避开与年龄相关的疾病。"[40]

在一项研究中，托马斯发现 90% 的百岁老人在 90 多岁时还是功能性独立的，这意味着他们在没有任何帮助的情况下过着自己的日子。[41]"我所接触的百岁老人，除了少数例外，都报告说他们在 90 来岁基本上没遇到问题。这些鲐背之年的老人，许多人还在工作，性生活活跃，喜欢户外活动和艺术。"[42]大多数 110 岁以上的超级百岁老人，在 100 岁时还能独立生活，很少有人患糖尿病或心血管疾病，包括高血压。[43]类似地，在最近的一项研究中，330 名荷兰百岁老人在一系列认知任务中表现不减当年，包括列出以某个字母开头的动物，以及在朝一个目标工作时不分心。[44]

托马斯认为，通过研究百岁老人"会产生一些线索，这些线索不是关于如何让人们达到极限年龄，而是关于如何帮助他们避免或推迟患上像阿尔茨海默病、脑卒中、心脏病和癌症这样的疾病"。[45] 换句话说，活得长寿的人可以教我们如何活得健康。

长寿的秘诀

前文已经提到，在日本发现了长寿的秘诀。日本的男性和女性都享有全世界最长的预期寿命，生活在日本的百岁老人和超级百岁老人的数量比其他任何地方都多。[46]

全世界目前在世的最长寿者是一位名叫田中力子的日本女性，她生于世界上第一架飞机问世的那一年。今天她已经 118 岁了，住在九州岛北部海岸的福冈。⊖

老年是日本文化所崇尚的。当人们年满 61 岁、77 岁、88 岁、90 岁、99 岁、100 岁，以及令人向往的 120 岁时，会收到特殊的礼物。[47]（与西方老年人在生日时经常伴随的绞刑架幽默或凄凉的生日贺卡形成鲜明对比。）在日本一年一度的敬老日上，政府会给所有百岁老人和超百岁老人发支票，每个县都会为其最年长的公民举行宴会。

在最近的一次宴会上，力子所在城市的市长给她带来了一个巨大的蛋糕，造型是她最喜欢玩的黑白棋。尽管他知道她很好胜，但还是向她挑战了一局。他们用蛋糕作为棋盘，给摄影师们制造噱头，而市长明白这样做将使他免于重赛；这是明智之举，

⊖　田中力子生于 1903 年，已于 2022 年去世，享年 119 岁。——译者注

毕竟力子非常讨厌输棋，她经常要求对手不断重赛，直到她获胜。后来，当力子成为在世的最长寿者时，还是这位市长出席了庆典，只见她低头鞠躬，还告诉观众现在是她有生以来最幸福的时候。[48]

这就是日本超级百岁老人的生活：被当作一个流行明星对待。力子经常出现在日本电视荧屏上，最近在一部年代剧中现身，还参加了一个每周有三位名人嘉宾的真人秀节目（力子与一位著名漫画家和一位流行模特共聚一堂）。她还与她的曾孙女一起出现在一个节目中，该节目讲述的都是鼓舞人心的真实日本故事。

近来，力子用练书法、写日记、折纸和下棋来打发她的时间。她还参加了一个数学俱乐部，每天开会研究数学难题，并保持体育锻炼。[49]

是什么让日本人如此长寿？山本优美在为一个核实日本在世的最长寿者年龄的组织工作，她告诉我，她的曾祖母也是她的榜样中地シゲヨ，曾是世界上第五长寿的人，享年 115 岁。通过采访日本的超级百岁老人，优美注意到，像她的曾祖母一样，他们都对老龄化持积极态度，并对家人的欣赏和尊重深表感激。

优美的老板，一位名叫罗伯特·扬（Robert Young）的美国人，在过去 16 年里一直在为吉尼斯世界纪录核实全世界在世的最长寿者的年龄。这是一项繁忙的工作，需要在世界各地进行大量细致的侦查。因为人类不像树木那样有年轮可以标记年龄，所以他成天都在通过追踪老旧的身份证照片、出生记录和发霉的结婚证来核实年龄。我问罗伯特，是什么促进了日本人的长寿，他笑了笑，仿佛一直在期待这个问题。"文化。就是文化。"接着他告诉我这个国家的儒家文化根基，千百年来，这个根基促进了对国家最长寿者的深刻尊重，以及对他们的良好建议和稀罕见解的广泛赞誉。

我们发现在具有积极年龄观念的文化中，它们通常从上到下延伸。在日本，不仅是非常年长的人对老龄化感到满意，孩子们同样被教导要享受并期待与长辈共度时光。孙辈经常与祖父母同住或者住得很近，他们与祖父母往往有一种特殊的联结，而且为儿童编写的民间故事中的许多角色都是老年人，他们散发出一种具有感染力的幸福感和满足感。这些故事中的爷爷和奶奶，被描绘成慈祥、健康的人，这些故事通常有一个快乐的结局。[50]（在美国和欧洲一些国家，一些流行的儿童故事中的老年人角色与此相反，比如《汉塞尔和格蕾特》里孩子们的对手是一个试图烤熟并吃掉孩子的老巫婆。）

尽管日本已经与世界上其他国家一起发展并实现了现代化，但由于它曾经是一个封闭的社会，它比美国或加拿大这样的多种族国家保留了多得多的传统文化元素。这种传统文化反过来对日本人的思维和生活方式产生了深刻影响。

日本文化是"集体主义"的，这意味着日本人被看作是相互依存的，被嵌入了一个更大的社会中。相较而言，"个体主义"文化，比如美国，保障社会成员的自主性和独立性。[51]

文化心理学家黑兹尔·马库斯（Hazel Markus）和北山忍用一个育儿的例子来凸显这种文化鸿沟。"美国家长如果要劝导孩子吃晚饭，他们喜欢说'想想埃塞俄比亚正在挨饿的儿童，要感激你与他们的不同，你是多么幸运'。日本家长则很可能会说'想想为你生产这些大米的农民伯伯，如果你不吃，他会感到难过，因为他白辛苦了'。"[52] 再对比一下日本和美国公司激励员工的方式。一家寻求提高生产力的得克萨斯州公司让员工在每天上班前对着镜子说一百遍"我很美"。与此相反，新泽西州一家日本人经营的超市的员工被要求在一天开始时手拉手告诉对方"你很美"。[53] 一种文化认为自我首先是一个个体，另一种文化则认为自我是一个更大的网络的一部分。

这种相互依存的关系反过来又促进和支持了一种积极的年龄观念的文化。威廉·乔皮克（William Chopik）和林赛·阿克曼（Lindsay Ackerman）在对 68 个不同国家的 100 万人的研究中发现，集体主义文化的成员展现的外显和内隐的年龄歧视更少，而且对老年人的尊重程度更高。[54] 根据我们的研究可知，这些积极的观念反过来又预示着更长的寿命。[55]

长寿方程式

那么，这些对文化的观察告诉了我们关于年龄指令与长寿相关的什么信息呢？为了思考这些不同的成分是如何交互作用的，我想提出一个长寿方程式：

$$L = f(P, E)$$

在这个方程式中，长寿（L）是人（P）和环境（E）的函数

（*f*），人包括性格和基因，环境包括物理和社会环境。年龄观念始于环境，但随后被人吸收。换句话说，年龄观念是个体和其所处的文化之间的共同作用。[56] 这种环境可以传递对老年人的欣赏，或者在结构性年龄歧视的情况下，传递对老年人的污名化。

吉尼斯世界纪录首席长寿专家罗伯特·扬出生在佛罗里达州，但他小时候就像日本人一样对老年人有着深厚的感情。3 岁时，他最喜欢的大舅舅去世了，"因为他老了"，母亲告诉他。"从那时起，我决定优先和老人成为朋友，因为他们会先死去。"罗伯特还记得，一年后，当 4 岁的他在当地新闻上看到一位 108 岁的老太太时，他有了一个"哇噢时刻"。他想知道她为什么能比他舅舅多活这么久，后来他变得对全世界的寿命模式着迷。十几岁时，他剪贴收集关于超级老人的文章，并开始给吉尼斯世界纪录写信，提供他认为可能是世界上在世的最长寿者的建议人选。

但这不仅仅是对记录超级百岁老人生活的热情。罗伯特很快意识到，这些人是通向过往历史的鲜活纽带，他们的故事、幽默和看待世界的方式变得越来越稀罕，也就越来越珍贵。例如，在他职业生涯的早期，他在密西西比州遇到了 115 岁的贝蒂·威尔逊（Betty Wilson），看到了活的历史。她痛苦又辛酸地告诉罗伯特，她在内战后重建时期的南方长大，是奴隶的女儿。她向他讲述，她自学读写的经历，吉姆·克劳时代⊖的暴行，还有支撑她一生的坚韧和希望。她把她的手杖递给他，她说手杖是由受奴役

⊖　指的是从 19 世纪 70 年代到 20 世纪 60 年代之间，美国南方各州实行种族隔离制度法律的时代。吉姆·克劳是当时白人对黑人的侮辱性称呼。——译者注

的长辈们雕刻的，手柄经过温润的手一个世纪的摩挲显得很有光泽。每一天，她的祖先都在帮助她行走于这个世界。

　　积极的年龄观念对长寿有双重裨益。除了寿命增加的可能性，这些观念带来的各种回报让增加的年岁更有可能带来一个充实和有创造力的人生。

Breaking
the
Age Code

7

老当益壮的创造力

老年作为机会，并不亚于
年轻本身，只是换了一副容颜，
正如傍晚时分，暮色渐渐退去
天空中充满了白天看不见的星星。

看见不一样的图景

不久前，我的小女儿从大学回家过了一个长周末，兴奋地和我们谈论她新选择的钻研领域。她已经决定主修哲学和认知科学，并焕发出新皈依者的激动和狂热。为了解释这些领域如何影响我们对世界的看法，在晚餐时，她拿起马克笔和餐巾纸，画了两个不同的雏菊状图案（见图 7-1），一个有六个大花瓣，另一个有六个小花瓣。她问道："中心的两个圆哪个更大？"

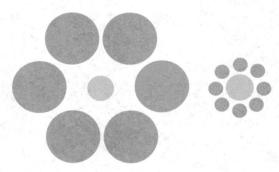

图 7-1   两个雏菊状图案

我毫不犹豫地指了指右边的图案，毕竟它的中心圆看起来比另一个大了一倍。我女儿笑着拿起一张餐巾纸，画了一些短线来测量两个中心圆的直径，然后把餐巾纸对折，让两条短线挨在一起。短线的长度是一样的。换句话说，两个圆的大小完全一样。

也许你对这种视错觉很熟悉，我却不熟悉，但现在一百多年来被它欺骗的人的名单又多了一位，它是由德国心理学家赫尔曼·艾宾浩斯首次提出的。今天，它仍然被用来说明我们的大脑在处理周遭的信息时，会遇到哪些陷阱。

我喜欢这个特别的错觉，因为它展示了我们的知觉如何受到情境的影响。在这个例子中，花瓣的大小影响了我们对花瓣中心的圆的知觉。这个错觉的另一个有趣之处是，儿童往往对它有免疫力。换句话说，这种错觉是我们在成长过程中观察世界而习得的知觉缺陷，那些对情境或环境最敏感的成年人知觉到的这种错觉尤其强烈。[1]

社会心理学有一个叛逆的小领域，叫作新视角（New Look），它研究我们对物体和事件的知觉如何经常受到看不见的社会和文化力量的影响。它是由心理学家杰罗姆·布鲁纳发展起来的，布鲁纳生来就是盲人，双眼都有白内障。他的视力直到两岁时才恢复。[2] 他花了一生的时间试图了解我们如何知觉这个世界。他的一项著名研究显示，来自贫穷背景的儿童知觉到的硬币大小比来自富裕背景的儿童大得多。[3] 这颠覆了传统的感觉和知觉研究，因为人们长期以来一直假定，直到今天也仍然经常认为，我们是以一种相对客观的方式来处理这个世界的信息的。但事实证明，我们的观念和经历不仅影响到我们是谁，而且影响到我们看待这个世界的方式。

在一组现已广为人知的实验中，所罗门·阿希发现，我们对物体的大小和长度的知觉会受到同伴压力和我们的顺从意愿的影响。一项使用脑成像技术的后续研究发现，当人们在社会压力下做判断时，不仅仅是他们为了"合群"而假装看到了不同的东西，社会压力也确实影响了知觉物体大小和长度的脑区。[4]

我发现，年龄观念也会影响知觉。在受试者内隐地受到年龄刻板印象启动后，他们阅读了一段关于一位虚构的 73 岁女性的简短描述，说她在幻想一个人和一个物体（一张皱巴巴的餐巾纸）看起来像动物。那些受到消极年龄刻板印象启动的人倾向于把她的白日梦看作痴呆的迹象；那些受到积极年龄刻板印象启动的人则倾向于把白日梦看作创造力的象征。[5]

是否有可能年龄观念不仅影响我们的知觉，也影响我们使用感觉系统的能力（比如听力），还影响我们的创造性过程？本章接下来将会探讨这其中的关联。

年龄观念与听力

20 世纪 80 年代，一位名叫马科斯·戈伊科莱亚（Marcos Goycoolea）的智利耳科医生来到以神秘的摩艾巨人石像而闻名的复活节岛，着手调查另一个谜团：岛上最年长居民的听力状况。他发现那些在岛上生活了一辈子的人比那些在南美大陆生活了一段时间的人的听力好得多（智利于 1888 年吞并了复活节岛，有相当多的人从岛上移居到大陆）。戈伊科莱亚认为这种差异可能是由于日常噪声水平的差异造成的。复活节岛偏远而宁静，恰好位于太平洋的中间，而智利正在快速地城市化，充满了机器的噪声、汽车的笛鸣和城市生活的各种喧嚣。[6]

不过，当我读到他的研究成果时，我突然想到，对这种听力优势可能存在不同的解释。有没有可能是年龄观念起了作用？在我梳理人类学文献时，我发现太平洋岛民传统上持有积极的年龄观念，而南美人的年龄观念则变得越来越消极。[7]

为了验证我的理论，我们采访了美国纽黑文地区的五百多位老年人。[8] 我们的护士带着手持式听诊器到受试者家中访问，听诊器会在耳道内发出高低不同的嘟嘟声（表征的是日常说话的音调范围）。受试者被要求在听到嘟嘟声时举手示意。我们发现，与那些在研究开始时持有消极年龄观念的人相比，在研究开始时持有积极年龄观念的老年人在接下来的三年里会更多地听到嘟嘟声。事实上，**那些持有最消极的年龄观念的人在接下来的三年里，比持有最积极的年龄观念的人听力下降了 12%**。与其他已知因素（如吸烟）相比，年龄观念能更好地预测听力变化。人们通常认为晚年的感知觉变化完全是由生物学决定的，但这个研究证据表明这些变化也受到文化的影响。

其他研究人员后来也得出了同样的结论。[9] 在一项研究中，心理学家萨拉·巴伯（Sarah Barber）随机指派老年受试者阅读两个故事中的一个。[10] 在一个故事中，他们读到年轻人因为用耳机大声听音乐而失聪。在第二个（虚假的）故事中，他们读到所有老年人都会失聪。与阅读第一个故事的人相比，更多阅读第二个故事的人随后报告自己有听力问题。

聆听旧时代的大师们

不仅仅是复活节岛的波利尼西亚文化凸显了年龄刻板印象与声音的关联。流行音乐中充满了对衰老的恐惧（想想滚石乐队唱的"变老是件很麻烦的事"，米兰达·兰伯特唱的"老态是个婊子"，还有谁人乐队唱的"我希望在变老之前死去"）。但还有许多音乐亚文化信奉更积极的年龄观念。[11] 这就是为什么经常看到年长的音乐家，如爵士乐大师桑尼·罗林斯和艾伦·图森特，七八十岁的时候还在舞台上表演。事实上，音乐领域充满了越老看着越优秀的表演者。比如 82 岁的唱作人梅维丝·斯特普尔斯，她在晚年发行了创销售纪录的流行专辑，或者作曲家埃利奥特·卡特，他在 90 岁时重新焕发了创造力（当时他创作了他的第一部歌剧），一直持续到他 103 岁去世。还有我个人最喜欢的莱昂纳德·科恩，他 82 岁时发行了最后一张专辑《你向往黑暗》（*You Want It Darker*），在排行榜上盘踞了数周。

有了这么多晚年成功的例子，许多音乐家并不认同将衰老视为感官和认知能力不断走下坡路的说法。所以他们才会在晚年比非音乐家听力更好吧。老年音乐家在嘈杂的环境中（比如闹哄哄的餐厅）听力比非音乐家好 40%，平均年龄 70 岁的音乐家的听力和平均年龄 50 岁的非音乐家一样好。[12]

这种老年人的听力优势很可能与年龄观念有关。在他们的领域中认识许多年长的榜样，有助于音乐家在年老时继续投身于表演。音乐经验，或任何以积极方式与声音互动的认真追求（比如观鸟），都会使那些专门用于理解声音并对声音赋予意义的脑区参与进来，从而提高听力，[13] 这反过来又强化了积极的年龄观念。难怪有那么多老年音乐家一直在用脚打拍子，宣泄着音符，直到生命的最后。

美国西北大学听觉神经科学实验室主任尼娜·克劳斯（Nina Kraus）在业余时间弹电吉他，她发现，投入到音乐中不仅仅是为了聆听。制作音乐可以调动大脑、注意力和记忆，以及我们的感官和认知系统。由此产生的大脑变化对那些经常做音乐的人来说更深刻。根据尼娜的说法，任何乐器、音乐类型（包括唱歌）和专业水平，在投入之后都会引发大脑变化。在研究中，她在来自芝加哥的专业布鲁斯音乐家和业余口琴演奏者身上发现了同样的大脑优势。她还发现，在晚年首度开始做音乐可以使你的大脑和听力受益。尼娜说，老年音乐家不仅在听音乐上表现更好，而且他们的大脑也更善于处理许多不同类型的声音。[14] 那些由音乐家终其一生培养的技能，比如将特定的声音从嘈杂的背景中分离出来的能力，可以在为期六周的基于计算机的声音训练干预中得到教授，从而显著提高老年人的听力。[15]

尼娜还没有研究过年龄观念或其对听觉大脑的影响，但她说，从她的发现中可以推测，从环境中收集到的积极的年龄观念可能会给晚年带来更好的听力，可能还会改善其他感觉。如果这些观念能减少应激并鼓励人们投入音乐，可能性就更大。

富有意义的代际活动，比如一起做音乐，也可以强化积极的年龄观念。[16] 我丈夫在一个社区管弦乐团里拉小提琴，和不同世代的人一起演奏。我的女儿们在代际室内音乐团体中长大，有些团体包含她们的祖父母，两位都是专业的音乐家。（虽然我的音乐技能只停留在儿时练过的几首非常简单的钢琴曲上，但我喜欢听我的家人排练和表演。）当年轻和年长的音乐家在一起演奏时，音乐家们自然而然地仰视着团体中那些已经积累了相当经验和专业知识的人。

变老的感觉："从未如此流光溢彩"

西方世界盛行的文化叙事是，年轻人容易接受新事物，可塑性强，而随着年龄的增长，我们会固化，变得僵硬，没有感情。但正如英国作家、布克奖得主佩内洛普·莱夫利在87岁时所写的：

> 我像以往一样充满活力地面对这个世界——对我所看到的、听到的和感受到的一切都很在意。我陶醉在春日的阳光中，陶醉在花园里的奶油色和紫色的蜀葵中；我听着电台关于选择性堕胎的伦理讨论，并在一些地方插话；电话里传来心爱的嗓音，带来一阵欢愉。我认为老年存在一个巨大的变化——感受力出现了质变。……春天从未如此生机勃勃，秋天从未如此流光溢彩。[17]

与她的名字相得益彰，⊖莱夫利描述了一个充满感官体验和触觉参与的世界。她写了40多本书，有4本是在最近10年写的，其中2本是回忆录，这表明对她来说，晚年不仅是一个丰富的感官世界，也是一个内省和高产的人生篇章。

正如琼·埃里克森在88岁时出版的《智慧与感觉：通往创造之路》一书中所提出的，老年时的创造力既源自感官的滋补，反过来又能滋养感官。当她是一名专业舞者时，她在维也纳遇到了她后来的丈夫埃里克，并在整个成年生活中对艺术和创造力以及它们在人的发展中的作用进行了深入思考：

> 一个人如何在整个生命周期中最好地定位自己，以支持、维

⊖ 莱夫利对应英文 Lively，即生机勃勃、充满活力之意。——译者注

持甚至增强感官保持活力和敏锐的可能性？哪些活动能促进必要
的参与，并且是普适的、经过时间检验的丰富生活的方式？答案
当然是，普遍意义上的创造性活动，特别是在整个人生中所有以
艺术为导向的创作实践，能够满足这种需求。[18]

　　基于佩内洛普·莱夫利和琼·埃里克森的这些观察，我相信
在积极的年龄观念、创造力和晚年的感官体验之间可以存在一个
良性循环。接下来我会介绍南希·里格（Nancy Riege），你就明
白我的意思了。

迷宫艺术家的年龄感悟

　　南希·里格是一位 63 岁的艺术家，住在佛蒙特州神话般的
"东北王国"。我们谈话时，正值二月，整个美国东北部都被埋在
厚厚的积雪之下。但南希高兴得像一个在雪天放学回家的孩子。
冬天是她最喜欢的季节：她发现宁静让人沉思，寒冷让人振奋。
在过去的 30 年里，她一直在制作迷宫——可以进行冥想的环状
步道。

　　她说，迷宫满足了当今大多数社区不是经常能满足的需求：
它让步行者安静下来，倾听迷宫的宁静，并寻找通往中心的道
路。冬天，她用雪雕凿出迷宫，"两只雪鞋宽"，她解释说，为选
择走迷宫的人留出足够的空间。夏天，她在草地上修剪出迷宫，
并在路径上撒下火鸡的羽毛。

　　到我们谈话时，南希已经为格林斯伯勒的居民建造了 5 个迷

宫，打破了她同时创建迷宫个数的纪录。最新的一个迷宫摆在当地学校的前面。村里五、六年级的学生从教室窗户里看着她用一周的时间建造了这个迷宫，然后在接下来的一周里和不同年龄的人一起享受在迷宫里漫步的乐趣。（我们将在后记中重返格林斯伯勒的路径。）

数千年来，在爪哇、澳大利亚和尼泊尔等各种地方，迷宫图案已经用于装饰货币、岩画、田地、锅和篮子。在许多传统中，迷宫和祖先之间存在很强的联系——迷宫可以作为通往祖先家园或祖先本身的象征性路径。[19]

当南希描述她的工作时，我想起了藏传佛教的僧人，他们通过小心翼翼地将彩色沙粒撒在复杂的几何图案上来创造沙曼荼罗。当图案最终完成时（长则需要三年时间），他们会将其销毁，以提醒人们生命的无常。南希心醉于制作迷宫也是出于同样的原因：迷宫一般只存在几周，至多一季，让她始终基于当下。她知道有些人用厚重的石头做迷宫，但她喜欢自己用雪犁出来的迷宫，可以随着下一场雪的飘落而被覆盖。

南希被中心的概念神秘地吸引。迷宫的中心是她决定的第一件事："通过在这附近走动。我只是闭上眼睛，在我的身体里感受中心在哪里。"然后她环顾四周，感受到"土地、地形、坡度和风、周遭的声音、外围的限制"。然后她再走上几圈，不时地闭上眼睛，选择路径的方向、尺寸和转向。她形容她的创作过程是非常直觉化的。

在我们谈话的中途，我问及南希的童年，很快她就告诉我她祖父母的故事。"我喜欢的那些品质,我需要的那些东西——平衡、宁静、存在,都是我的祖父母具备的。"她爱她的父母,但经常感到自己希望他们能放慢脚步,"别像笼中仓鼠那样转轮"。她承认"他们必须谋生",但她发现他们的生活方式与住在附近的祖父母迥异。虽然祖父母也很忙(他们负责当地一家孤儿院的志愿者组织),但"他们没有四处奔波,试图做太多事情,存在足以让他们自在"。因此,她很高兴地谈到,随着年龄渐长,她变得更像他们。

随着变老,南希变得更加注重对称和平衡(这对迷宫来说是很重要的考虑因素,因为迷宫通常是由致密的圆圈中的蜿蜒的路径组成的)。而且她发现,她的迷宫做得更好了。她大声感叹,这可能与她正在成为的那种人有关——更像她的祖父母,他们寻求方法来为社区做贡献,并渴望把时间花在外面,"只为存在,只为更有活力"。

在我们第一次谈话后不久,南希给我发来了她最新的迷宫照片,并在附信中解释说,她珍视老年人,因为他们"可以打破我们在探索这个世界时学会不要越界的那些边界、墙壁或规则。在老年人身上,我看到了摒弃那些潜规则的希望,我相信正是这些潜规则让我们脱离了真正的自我——我们真正的存在"。她以本笃会修士戴维·斯坦德-拉斯特的一句话结束了她的解释:"愿你变得足够安静,能听到空气中一片雪花的搅动,这样你内心的沉默就会变成平静的期待。"

老年艺术创作风格的转变与进步

当 68 岁的亨利·朗费罗受邀在鲍登学院的毕业 50 周年同学聚会上发言时，他读了自己为这个场合写的一首诗：

太晚了！不，没有什么是太晚的

直到疲惫的心不再悸动。

……

乔叟，在伍德斯托克与夜莺同住，

六十岁时写成《坎特伯雷故事集》；

歌德，在魏玛伏案疾书到晚年，

完成《浮士德》时已年过八旬。

……

然后呢？我们是否应该无所事事地坐下来，唠叨

黑夜已经来临，白天一去不返？

……

我们还有事情要做，还有勇气去做；

即便最老的树也会结出一些果实；

……

老年作为机会，并不亚于

年轻本身，只是换了一副容颜，

正如傍晚时分，暮色渐渐褪去

天空中充满了白天看不见的星星。

　　尽管这首诗写于 150 年前，但它的主张和考量却让人感到具有当下性。朗费罗温和而坚定地驳斥了老年是一个没有机会的时期的观点。相反，他认为机会在晚年会以一种新的形式被人认识。

　　研究晚年创造力的加州心理学家迪安·西蒙顿（Dean Simonton）在调查不同时代和文化中他所称的"创造者"时发现，"随着年龄的增长，射中靶心与总射击次数的比率是保持不变的"。[20] 换句话说，创造性工作的质量在我们的一生中保持不变。此外，还有许多他称之为"大器晚成"的例子，[21] 也就是在晚年达到顶峰的"创造者"。这一定程度上取决于一个人选择的领域，因为某些领域，比如理论物理学和纯数学，倾向于在早年产生高峰，而建立在知识积累基础上的领域，比如历史和哲学，倾向于在晚年产生高峰。例如，哲学家伊曼努尔·康德在他五六十岁时写出了许多最重要的作品。

　　年长的一个明显优势是经验。小提琴家阿诺德·斯坦哈特注意到，随着他和瓜尔内里四重奏乐团成员年龄的增长，他们对作曲家的情绪变得更加敏感，这与科学家的研究结果一致：随着年龄的增长，我们变得更善于解读他人的感受。[22] 在他们的职业生涯中，乐团数百次演奏了一首极具戏剧性并令人不安的作品，即舒伯特的《死神与少女》，该作品是作曲家在 1824 年生命快要走向终点时创作的。斯坦哈特听了相隔 20 年的两张录音碟，他注意到乐团的演奏方式有了明显的改善。随着时间的推移，乐团开始在第三和最后一个乐章中放慢节奏，以更好地捕捉这位垂死的作曲家的意图。斯坦哈特在想："经过这么多场演出，我们仍在不断改进，所以应该感到振奋？还是说，我们演奏了这么久都没有抓到像合适的节奏这样明显的要素，所以应该感到沮丧？或许，之所以能达致今天的节奏，正因为它是之前每一次演奏积累而成。"[23]

艺术史学家和创造力研究者已经为一种名为"Alterstil"，包含"技巧、情感基调和主题方面的巨大变化"的老年风格找到了证据支持。[24] 他们认为这种风格的特点是戏剧感增强，技巧更出自本能，视角扩大，以及对直觉和无意识的依赖。艺术家本·沙恩（Ben Shahn）在 66 岁时观察到，自己对创作过程中的内在生命有了越来越多的觉知。他越来越多地"从意识最遥远和最内在的隐秘处下笔作画；因为正是在此处，我们才是独特的、完全独立的和完全觉知的"。[25]

米开朗琪罗相隔 50 年雕刻的两尊《圣母怜子》，有助于说明这种"老年风格"以及随着年龄增长带来的创造力提升。23 岁时，他雕刻了圣经里的一个场景，目前展示在梵蒂冈圣彼得大教堂的入口处，刻画了年轻的玛利亚搂着她死去的儿子耶稣，耶稣身体躺在她大腿上，头倚在她的手臂上。

作为一个老练的艺术家，米开朗琪罗觉得自己的年龄观念给了自己力量。他因在晚年发出"我仍在学习"（Ancora imparo）一语而闻名。[26] 72 岁时，他雕刻了同样的场景，但用的是不寻常的手法。佛罗伦萨的《圣母怜子》在下部三分之二的区域描绘了三个相互交织的人物：耶稣、玛利亚和抹大拉的马利亚，还有一个老人在上部三分之一的区域。这个站在后面并支撑着其他三位的老人其实是一件自塑像。艺术家打算用这尊雕塑来装饰他自己的坟墓。在第一尊《圣母怜子》中，马利亚低头凝视着耶稣，面部没有任何悲伤的表情。在第二尊《圣母怜子》中，马利亚撑起耶稣时显得心烦意乱；她无法独自做到这一点。老人在帮助她。也不是只有她一个人在受苦——他们的造型从身体上和情感上都交织在一起。这是对爱和悲伤的一种更温柔、更人性化的表现方式。

约瑟夫·透纳，19 世纪英国风景和海景画家，以其对海洋和光线的戏剧性描绘而闻名，他在晚年也表现出这种视角的扩大。据他的传记作者说，当透纳到了 60 岁时，"他的视野越来越宽广，越来越不具象"，这是因为他"越来越不屑于琐碎的细节"，由此带来了"透纳后期作品的壮观宏大"。[27]

摄影师乔·斯彭斯在 50 多岁时，将她的工作重点从婚礼照片等商业摄影转向了一种开创性的纪实摄影，直面更广阔的社会议题，比如医疗行业的偏见。在回忆录《把我自己放进照片》（*Putting Myself in the Picture*）中，她描述了自己作为一个老妪的一次就医经历。[28] 一位医生带着一群医学生来到她的病床边，翻看她的病历。在向学生们传达了癌症的诊断后，他隔空在她的左乳房上画了一个叉，表示需要切除。然后，斯彭斯用她的相机针锋相对，抗议医生不拿她当人的对待方式。她拍摄了一系列裸体自摄像。其中一张在她的乳房上画了一个叉，并在她的身上写着一个问题："乔·斯彭斯的财产？"

在对过去 500 年间 10 位著名英文诗人、剧作家和小说家（男女作者人数各半）的创作内容进行的一项具有里程碑意义的语言学分析中，心理学家詹姆斯·彭尼贝克（James Pennebaker）发现，随着作者年龄的增长，其认知的复杂性也在增加。他通过分析作者的语言使用情况来进行研究，比如像"意识到"这样表示"元认知"（对思考进行思考）的词汇。彭尼贝克的结论是，大多数作者的语言使用与老龄化之间的关联"相当显著"。作为认知复杂性随年龄增加这一发现的一个有力例证，他指出，美国诗人埃德娜·圣文森特·米莱和英国小说家乔治·艾略特都强烈地表现出这种随年龄增长的进步，尽管这些女性在"体裁、国籍和写作的时代"等方面都各不相同。[29]

同样，心理学家卡罗琳·亚当斯－普赖斯（Carolyn Adams-Price）发现，年长的作家倾向于更直接地表达情感意味，年轻的作家则倾向于表达更字面的意思。[30] 她让一个由年轻人和老年人各占一半的小组对十多位作家的作品进行评判，但没有说明他们的年龄。无论作家的年龄几何，读者都评价年长作家的作品写得更好，更有意味，并显示出"更多的移情共鸣"。亚当斯－普赖斯的结论是，或许"晚年写作反映了晚年思想的积极面，即注重综合、强调反思、体现智慧"。[31]

重塑艺术创造力

许多老年艺术家在晚年会重塑自己，常常会取得巨大的成功。钢琴家阿图尔·鲁宾斯坦发现自己的手指无法在键盘上快速

移动，于是他改变了自己的音乐技法。他通过改变乐句的划分来
弥补不足，在戏剧性的片段前会把演奏速度放得更慢，然后再加
快速度来达到乐句的高点。[32]美国民间艺术家安娜·玛丽·罗伯
逊·摩西被大家称作"摩西奶奶"，她一直从事刺绣工作，直到
70 多岁时，她的手指出现了关节炎，她转而从事了绘画。直到她
101 岁生日之前，她每一天都在画画，在她漫长的晚年职业生涯
中创作了 1000 多幅作品。[33]而亨利·马蒂斯在他生命的最后十
年里，在手术后难以站在画架前的情况下，从绘画转向了用剪刀
制作色彩绚丽、热情洋溢的剪纸作品。他把这次重塑称作"人生
第二春"。[34]大多数评论家认为这是他最辉煌的艺术阶段之一。[35]

　　霍华德·加德纳分析了 7 位"改变了 20 世纪进程"的老
龄创造性人物的生活，描述了他们如何在晚年进行了深刻的转
变。[36]例如，弗洛伊德从撰写医学个案研究转向更广泛地研究文
化和文明的观念。玛莎·格雷厄姆重塑了美国舞蹈，使现代舞更
具情绪表现力，她在 75 岁时从舞蹈界退休。然后，在 79 岁时，
她作为她的舞蹈团的总监和编舞师重出江湖，再度给这种艺术形
式留下了深厚的遗产。

　　艺术家常常因其职业生涯即将结束而重新焕发活力，这种现
象有时被称作"天鹅之歌"〇。[37]美国作家亨利·罗斯在 28 岁时
以他的第一部小说《就说是睡着了》(*Call It Sleep*) 获得了巨大
的成功，然后，由于受到写作阻滞 (writer's block) 的困扰，他
在接下来的 45 年里没有写任何东西，直到七八十岁时他才狂暴

　　〇　swan song, 即中文所说的"绝唱"，这个习语源自古希腊，人们认为天鹅
　　　一生都不唱歌，直到临死前才会高歌一曲优美动听的挽歌。——译者注

地创作了 6 部小说。他觉得他的写作能帮助他抚今追昔，使他能够处理过往的遗憾并面对自己的死亡。在他的晚年，正如其《生于枷锁》（*From Bondage*）的主人公说的，写作成了"了解我未来余生……我的生存和我的忏悔的一扇窗户"。[38]

正如我们在讨论心理健康时指出的那样，情绪智力和参与有意义的人生回顾的意愿都随着我们的年龄增长而增加。这为我们提供了强大的动力，可以灌溉我们的创作冲动，让我们在晚年寻找或创造意义的动力转化为新颖的或精进的创作产出。

通过舞蹈拥抱始终丰盛的人生

舞蹈家兼编舞家利兹·莱尔曼（Liz Lerman）进入 69 岁时，她想在创造力上做出改变。她对丈夫开玩笑说："我必须换工作，换房子，或者换老公。"她没换丈夫，但是换了另外两项，她从马里兰州的巴尔的摩搬到了亚利桑那州的凤凰城，成为亚利桑那州立大学的一名舞蹈教授。从那时起，她一直在思考、参与并帮助别人找到他们自己的创造力。利兹接着澄清说，我们不是非得做出重大的生活改变来激活创造力；我们可以改变或扩大我们与他人的连结。

我读研究生时曾参加过利兹的一个舞蹈工作坊，这个工作坊非常有创意和活力，我甚至一直把她的一张照片挂在我的桌子上方，这张照片是她 30 多岁时和 3 位老年舞者一起跳舞时拍的。因此，当她同意与我谈论她的创作过程时，我感觉是在跟一位陪伴我写作的老朋友交谈。

利兹凭着"重新定义了哪里可以跳舞和谁可以跳舞"而荣获麦克阿瑟天才奖，她是积极的年龄观念与创造性活动协同作用的典范。她从本宁顿学院毕业后不久就开始与老年人一起跳舞，并在她母亲去世后的悲痛期首次为老年舞者编排了一个作品。她将自己的悲痛注入舞蹈，想象年老的天使迎接她的母亲进入天堂。她让年长的舞者扮演这些天使。她告诉我："我并不知道它会发展成一个正事，我只是想着我需要做这个作品，我需要老人参与其中。"而自从她开始为老年人编舞，就再也没有停下来过。她在华盛顿特区成立了一个名为"舞蹈交流"（Dance Exchange）的舞团，该团体因其对个人故事、公众参与和代际舞者的仰仗而闻名世界。作为对比，西方国家的大多数职业舞者迫于年龄歧视的压力，在 35 岁就退休了。[39]

从那时起，利兹召集了无数不同年龄的人跳舞——既包括从未跳过舞的老年人，也包括从未停止过跳舞的人。她所追求的并不是教他们完美的技巧，而是舞蹈带给大家身体与自我知觉的轻松、天性和快乐。"通常，这就像，'哦，老天爷。看看我在做什么'。"利兹高兴地大叫起来。而对于前述的两类舞者来说，利兹认为代际舞蹈有助于他们增强老年人能对社会做出重要贡献的年龄观念。

"老年舞者有他们这个年龄特有的动作，"利兹解释，"当一个人随着一种想法或情绪和谐地起舞，用上他们姿体固有的个人化动作语汇，就会表现出惊人之美。"

托马斯·德怀尔（Thomas Dwyer）是一位85岁的舞者，在过去30年里一直是利兹舞团的成员。他是一个终生保守的共和党人，退役的海军老兵（他在职业生涯的大部分时间里都是军舰上的摩斯密码操作员），身高一米八，自称是一个"没有肌肉的麻杆儿"，他很早就觉得自己不太可能成为舞者："人们看到我跳舞，会觉得任何人都可以做到这一点。"他的第一个舞蹈工作坊是在哥哥的敦促下参加的，他哥哥则是之前误把工作坊当作了健身班，已经报名参加过。两人很快就迷上了跳舞。

托马斯最喜欢的一支舞蹈《仍在跨越》（*Still Crossing*）是关于移民的。它的开场是老人缓缓滚过舞台，利兹将其描述为"我祖父的鬼魂——所有那些存在于我们每个人想象中的移民"，落幕时所有年龄段的舞者，包括十几个老人，都在舞台上。它的第一次演出是在自由女神像前。在另一支舞蹈中，托马斯穿着内裤，脚搭在椅子上，做了一组60个俯卧撑。演出结束后，人们总是走过来告诉他，他们惊讶于看到他这个年纪的人能这么做。[40]

在东京参加一个将年轻的专业舞者和初次跳舞的日本老年人聚集在一起的驻场活动期间，利兹注意到，当年长的舞者进入舞蹈室时，他们并没有像她看到的无数美国老年人那样，立刻就把自己缩起来。在美国，"贬低老人的信息无处不在。这些信息让老人蜷缩起来，如同树叶向内卷曲"。她举起一只手向内蜷缩，然后将身体向内蜷缩，就像一片叶子在快速枯萎。"但是一旦你让他们跳舞"，她说，他们就会绕开所有的消极信息传递，变化由此发生。她再次举起她的手："再想象一下那片叶子。它不再变得枯黄，想象水在叶片上流动，滋润着它；看着叶片回荣，张开，并向外舒展。"

但是，舞蹈改变老年舞者不仅仅是通过重新让他们思考自己与身体的关系，而是代际因素改变了他们作为老年人的潜能感。利兹说，**代际舞蹈如此有效的原因之一是，60 多岁的人和 20 多岁的人实际上有相当多的共同点。**"在某种程度上，这是因为他们处于相似的人生转型阶段，思考着一些大问题。'我要去向何处？我的余生要做什么？'而这些问题是很关键的。"年轻人正在完成高中或大学学业；老年人正在告别职业生涯，或者正在改变他们的生活安排。当双方在一起跳舞时，"他们变得相当亲近"，利兹告诉我。对老年人的消极刻板印象不攻自破。

大多数人听到"代际"立即就会想到幼儿园小朋友和祖父母，利兹说，但她认为年轻人和老年人之间有一种特殊的亲近关系。许多年轻人正在寻找爱和支持的来源，而许多老年人正在寻找分享这些东西的方式。利兹看到无数的年轻人发现自己被老年人的陪伴和合作所改变，"因为他们感到被爱的方式正是他们所渴望的"。利兹认为，代际创造性活动的美妙之处在于，它们给不同年龄的人提供了一起工作的许可和框架，并让他们以一种感觉受欢迎的方式一起工作。

现年 73 岁的利兹发现自己正处于人生中最有创造力的时期。在继续教学的同时，她最近设计了一个免费的在线创意工具包（"The Atlas of Creativity"），编排了一支关于女性身体的刻板印象的舞蹈（"Wicked Bodies"），并且正在与非裔美国人专业舞团"都市丛林女"（Urban Bush Women）合作开展一个名为

"由改变带来的遗产"（Legacy of Change）的项目。她认为，鉴于她几十年的经验，她的掌控力和原创力只会更强。在教学、表演和合作之间，她还想把舞蹈带给越来越多的从未跳过舞的人。随着年龄的增长，她一直在思考如何帮助那些追随者："遗产不仅仅要回头看，也要向前看。"

要向前进，重要的是要考虑那些阻碍老年人想要变得有创造力和生产力的壁障。这就是我们下一章的目的。正如作家兼社会批评家詹姆斯·鲍德温所言："我们面对的很多事情都是无法改变的，但如果我们不去面对，就什么都不会改变。"

8

年龄歧视：邪恶的章鱼

一些商业公司从宣传消极的年龄观念中获得了惊人的利润。这些企业包括抗衰老产业、社交媒体、广告公司，以及那些以制造对衰老的恐惧和老年人不可避免的衰老形象为生的公司。这些企业每年共产出超过 1 万亿美元，并且一直在稳步增长，基本上没有受到监管。

"年龄歧视"的诞生

在爆出导致美国前总统理查德·尼克松辞职的水门事件的三年前，25岁的记者卡尔·伯恩斯坦还帮助揭露过另一个不同类型的丑闻。1969年3月一个风大的早晨，这位年轻的记者采访了精神病学家罗伯特·巴特勒，让他谈谈华盛顿特区郊区的居民对将附近一幢公寓楼改造成老年之家的计划的日益不满。作为当地老龄化咨询委员会的主席，巴特勒与邻居们会过面，他们极度担心这个地方从此将会改变。巴特勒告诉伯恩斯坦，他们的看法是"他们不想看到那些瘫痪的人，进食困难的人，坐在路边用手杖把社区弄得一团糟的人"。[1]

住在同一社区的巴特勒认为这种丑陋的消极刻板印象与种族或性别歧视的刻板印象毫无二致。就像这两种歧视给有色人种和女性贴上负面标签，从而使他们远离机会和权力，这种对老年人的偏见，巴特勒称之为"年龄歧视"（ageism），同样剥夺了老年人享有的平等权利。这是"年龄歧视"这个术语的第一次使用。

后来在他的开创性著作《为什么生存？美国人的老龄化》中，巴特勒将年龄歧视定义为"由于老人的年龄而对其进行系统性刻板印象或歧视的过程"。他意识到，年龄歧视的两个成分是相互强化的。消极的年龄刻板印象导致了年龄歧视，年龄歧视随之又激活并强化了刻板印象。最后，他写道："年龄歧视让年轻一代把老人视作与自己不同；由此，他们微妙地不再认同他们的长辈是人类。"[2]

当我与伯恩斯坦交谈时，他记得他与巴特勒的相遇让他醍醐灌顶。他以前也遇到过老年歧视，老年亲属受到过糟糕的待遇，但他从未想过这是歧视性的或系统性的。然而，在他与巴特勒相遇后，情况就不同了。正如伯恩斯坦所回忆的："从一个关于不希望社区有老人的一群市民的故事，变成了一篇关于年龄歧视现象的文章。在那件事之后，我受到了影响，也更加意识到了年龄歧视的存在。这是对他人的恐惧，与对犹太人、非裔美国人或天主教徒的恐惧没有区别。歧视就是歧视。它是基于恐惧和刻板印象的。"多亏了罗伯特·巴特勒，年龄歧视的现象终于曝光了。不幸的是，50 年过去，它依然横行。

我们已经知道了年龄观念对健康的深刻影响。现在，让我们来看看消极的年龄观念是如何在社会层面上以无声的、复杂的、往往是致命的方式运作的，像章鱼的触须一样交错弯曲。

年龄歧视：无声的流行病

人们常常淡化或粉饰年龄歧视的危害。有时，当人们了解到我的职业时，他们会告诉我，年龄歧视不是一个严重的问题，或者年龄歧视并不存在。有人甚至认为年龄歧视是老年人的错，就像我最近听到的一个评论："年龄歧视只是一面镜子，照出了老年人的崩溃。"对年龄歧视的轻描淡写以及将老年人面临的偏见和歧视归咎于他们，使问题变得更加复杂。

当我在演讲中问听众，有多少人直接经历过或观察到别人经历过年龄歧视时，大多数人都会举手。目前，82% 的美国老年人报告他们经常遭到年龄歧视，[3] 而且我在我研究的每个国家都发现了年龄歧视的例子。

这么多人都经历过年龄歧视，可为什么对一些人来说，它仍旧是一个无关紧要的问题呢？世界卫生组织最近的一份报告得出结论："人们没有认识到系统性年龄歧视的存在，因为系统内的规则、规范和做法由来已久，已经被仪式化，并被视为'正常'。"[4]

最隐蔽的年龄歧视的方式是对老年人的忽视。这种忽视比比皆是：在电影、广告和电视节目中，在关于紧迫的公共政策问题的全国性对话中，在研究试验中，以及在当代生活的许多其他领域中，老年人几乎都是不存在的。

这种忽视在危机时期最为突出，老年人通常到最后才被考虑。卡特里娜飓风过后，动物活动家们在 24 小时内疏散了狗和猫，许多老年人却被遗弃在家里，任其面对不断上涨的洪水，直到医疗队最终赶来救援，有些老人甚至等待了七天。[5] 在新冠病毒大流行的早期阶段，美国 40% 的死者是养老院的老年人（即便只有不到 1% 的人口住在养老院），当地政府和养老院管理者没能提供充足的防护设备、病毒测试或隔离点，而这些不过是大多数高校为低风险的年轻人群提供的基本资源。[6]

我遭遇偏见的经历

许多偏见依靠的是隐蔽性。偏执者经常否认他们是种族主义者，或者否认种族歧视是甚嚣尘上的。性别歧视者经常争辩说，女性不再面临偏见。我就遭遇过否认反犹主义的这类情形。

当我的父母获得不列颠哥伦比亚大学的教职，把全家从波士顿搬到温哥华时，并没有很多犹太人住在温哥华。由于我是新入读的二年级班级中唯一的犹太孩子，老师让我站在全班面前，解释我家为什么不过圣诞节。一个同学告诉我，我不能和她一起玩，因为我是犹太人。一群男孩把硬币撒在地上，让我把它们捡起来。

当我把这些事情告诉母亲时，她安慰我，并向我的老师和同学的父母反映情况，结果却被告知这并不是真正的反犹主义，只是一种文化误解。这是我第一次遇到偏见的一个奇怪维度，即人们会试图大事化小来掩盖偏见。

童年时，我曾做过一个噩梦，梦见自己被纳粹党徒追赶着穿过黑暗的树林，冲在最前面的是一群狂吠的杜宾犬。与幸存的曾祖辈和祖辈在欧洲所经历的真实噩梦相比，我与反犹主义的这点摩擦显得很苍白，但从恐怖中逃脱的他们到我不过两代人，那些恐怖的细节仍然出现在我的梦中。我的曾祖父所在的立陶宛犹太城镇被哥萨克人烧毁，他是为数不多的幸存者。我的外祖母在她10 岁时通过躲在柜子里，侥幸躲过了俄国士兵对犹太人的大屠杀。

反犹主义对我来说只是一种个人经历，但我在学校面临的挑战和我的亲人在欧洲遭受的苦难同样植根于那些当权者实施的结构性偏见。这些早期的经历让我对偏见的成因和表现形式既敏感又好奇。当我第一次在机构化情境——在医院老年病房的第一份工作中直面年龄歧视时，我觉得我是被赋予了一个机会，能让我以我小时候无力做到的方式来对抗偏见。

隐性歧视的受害者

年龄歧视有一种在现实面前飞扬的方式。我用一个思想实验来说明我的意思。

回到 200 年前，上溯至 19 世纪 20 年代。摄影术刚刚发明，世界各地都在铺设铁轨，以容纳一种新装置——蒸汽机车。现在，请你以这个摄影时代的眼光，注视未来，猜猜年龄观念是会改善，还是保持不变，或者变得更消极。我会给你一些提示，关于从那时起的未来 200 年间会出现的一些趋势：老年人寿命会更长，他们的整体健康状况将大大改善。他们将占据人口的更大比例，这意味着将有更多机会进行代际交往。一系列禁止年龄歧视的法律会得到通过。而最重要的是，人们对以前被边缘化的其他群体的态度会变得更加积极。

现在，你会怎么认为？在从那时起到现在的 200 年里，年龄观念是会改善，还是保持不变，或者变得更消极？

大多数人认为，年龄观念会变得更积极。根据上述趋势，我也会得出同样的结论。然而，实际发生的情况恰恰相反：在美国，对老年人的看法开始是积极的，然后以稳定且线性的方式变得越来越消极。[7] 我的团队开发了一种基于计算机的语言学方法来系统地研究 200 年间的年龄观念趋势，并从中发现了这一情况。(以前的系统分析在时间上不会超过 20 年。)为了进行分析，我们用一个新的数据库——美国历史英语语料库（Corpus of Historical American English），对印刷文本中的 4 亿个单词进行了考察。消极年龄刻板印象的泛滥从何而来？为什么在我们所有的进步面前，它还没有干涸成涓涓细流？

年龄歧视的原因：偏见的大脑和企业的贪婪

消极年龄观念的顽固存在，既有个人原因，也有结构性原因。虽然两者是不同的，却同样根深蒂固。在个人层面，存在许多心理过程，使人很容易在不经意间表达出年龄歧视。在结构层面，年龄歧视被嵌入到了体制内和当权者手中。

个人的年龄歧视始于我们在童年早期就吸收的年龄刻板印象，远早于它们变得自我相关之前。在这个阶段，我们毫无抵抗地接受它们。鉴于这些刻板印象往往是由我们信任的权威人士（教师、作家、父母）展现的，我们很容易把它们当作真理来接受，然后成为我们在生命全程中概念化老年人的蓝图。[8]

消极的年龄观念满足了社会创造的一种心理需求，让那些没老的人在年龄歧视的文化中与那些老了的人保持距离。这种距离感的表现形式有：避开老年人常去的地方，以及心理上通过刻板印象将老年人非人化。*一些年轻人觉得有必要与老年人保持距离，因为他们仿佛是在害怕未来的自己。*[9]这个过程存在一个恶性循环：老年人消极的年龄观念和普遍的衰弱感，呈现出一派凄凉的老年形象，这反过来又增强了创造距离感的效果，然后会强化老年人的消极年龄观念。

年龄歧视还有一个个人层面的原因：它经常在我们意识不到的情况下运作。因此，即使人们认为自己是不偏不倚的，他们实际上也可能在进行年龄歧视。

消极的年龄观念常常得到接受和表达，即使它们与经验相悖，这一点让问题变得更加复杂。例如，有人可能会开玩笑说某个老人表现出老迈或无能，事实却是这个老人跟从前一样敏锐。

年龄歧视的主要结构性动机在于，它常常是相当有利可图的，无论是在经济上还是作为维护权力的一种手段。我以前的一位教授，人类学家罗伯特·莱文（Robert LeVine）说，在调研一种文化现象时，一个入手的好问题是："谁从现状中获利？"

一些商业公司从宣传消极的年龄观念中获得了惊人的利润。这些企业包括抗衰老产业、社交媒体、广告公司，以及那些以制造对衰老的恐惧和老年人不可避免的衰老形象为生的公司。这些企业每年共产出超过 1 万亿美元，并且一直在稳步增长，基本上没有受到监管。[10]

年龄歧视的起点：动画片和童话故事

最近的一次坐飞机时，我想找点东西看，我发现可供选择的电影不是我已经看过的，就是那些看起来不应景的（预告片中出现了飞机爆炸等内容）。因此，我选择了一部迪士尼儿童片《魔发奇缘》，翻拍自经典故事《长发公主》。在这个版本中，为了从长发公主头发的神奇抗衰老特性中获益，被描绘成老妪形象的女巫将长发公主锁在一座塔里。在影片的结尾，失去长发公主的头发和永恒的青春的庇护后，女巫瞬间衰老。她扭曲蜷缩成一团，头发由黑变灰，眼睛凹陷，双手嶙峋。她对长发公主的拯救者咆哮："你做了什么？"然后她就死了。然而，在格林兄弟的原始故事中并没有抗衰老的主题，是迪士尼无端地添油加醋。也许迪士尼在电影中加入年龄刻板印象，把观众融入诋毁老年人并暗示应该害怕和避免变老的叙事，是为了让更多有孩子的家庭来买票。

　　我在幼儿园学的第一批歌曲中，有一段副歌你可能很熟悉。"我认识一个老太太，她吞下了一只苍蝇。我不知道她为什么吞下一只苍蝇。也许她会死！"随着歌曲的进行，她继续吞下越来越大的昆虫和动物，包括一只狗和一匹马。当我第一次学会这首关于奇怪的老太太的民谣时，我和同学们都认为它很搞笑。

　　作为孩子，我们第一次遇到老年人通常是在歌曲、童谣和故事中。在许多西方国家，这些老年角色往往是反派，或是被怜悯和嘲笑的对象。[11] 如此一来，这些国家的儿童害怕变老也就不足为奇了。[12] 当呈现一个男人在人生四个阶段的面孔图片时，80%的学龄儿童说他们更愿意和年轻面孔的男人在一起，当被问到他们想和年老面孔的男人一起参加什么样的活动时，有一个孩子回答："把他埋了。"[13] 年仅三岁的孩子就会对老年人有所畏惧，并表现出明确的年龄歧视观念。[14] 我们在儿童时期所接受的年龄观念构成了我们以后生活中的年龄观念的基础。[15] 年龄指令是不断累积的，其基础是在儿童时期奠定的。由于这些观念还不是与自我相关的，孩子们没有理由会抵制它们，特别是当他们所崇拜的人鼓励这些观念时。

　　一位朋友告诉我，她孩子的小学校长最近给家里发了一份通知，宣布学校将举办"穿得像个百岁老人"节，以庆祝入学第100天。他鼓励家长让孩子们戴着白色假发和大号塑料眼镜，拿着迷你玩具手杖和助步器（都可以在当地的派对商店买到）去学校。事实表明，这是一种在小学里很流行的玩法。许多网站上充斥着对父母的建议，告诉他们如何给孩子打扮出黯淡的外形，教孩子拿着手杖"蹒跚徐行"，并"夸张一点地扮演一个刻板典型的老人，这样更加好玩"。[16]

　　这种新的童年传统可能会促成一种长期风险。基于巴尔的摩老龄化纵向研究，如图8-1所示，我们发现，吸收了更为消极的年龄刻板印象的年轻人在60岁后心脏或其他心血管出问题的可能性是吸收了更为积极的年龄刻板印象的年轻人的两倍。[17]我们

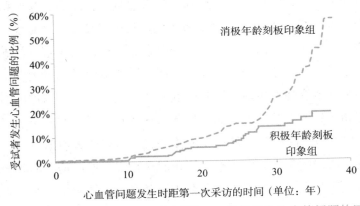

图 8-1　年轻人的消极年龄观念会增加 60 岁后发生心血管问题的风险

对孩子进行老龄化教育非常重要，不仅关系到他们如何对待他人，也关系到他们自身的健康。

污名化老年的抗衰老产业

迅速发展的全球抗衰老产业通过销售药片、药膏、酊剂、灵丹妙药、激素补充剂、睾酮促进剂以及谎称能阻止甚至逆转衰老的手术，每年产出 5 万亿美元。[18] 该产业通过宣传衰老的形象让人们感到恐惧和逃避，从而获利。

不久前，我和一位同事一起吃午饭，她在收到 17 岁的女儿发来的短信后扬起眉毛。她给我读了这条短信："天哪，我有了第一条皱纹！我的生日可以收到防皱纹的保妥适⊖吗？"

只要你能确保你的潜在客户对任何身体上的衰老迹象都感到恐惧，那么保妥适和面霜卖起来就会更容易。最近，我在等待医生做例行检查时，候诊室的大屏幕上播放着各种抗衰老手术的广告，包括保妥适。"嘿，皱纹脸！"喜剧演员兼脱口秀主持人艾伦·德詹尼丝在一支广告中喊道。她接着解释，为了避免看起来像一颗西梅干，需要进行干预。虽然她喜欢吃这些零食，她补充说："可我不想看起来像一颗西梅干！"抗皱产品和手术的大规模营销已经成为一种常规操作。[19]

想让 17 岁的孩子变得害怕皱纹——一种自然和普遍的现象，只需要向他们传递这样的信息：你可以而且应该避免衰老，你不

⊖　商品名，主要成分是 A 型肉毒毒素，俗称瘦脸针。——译者注

可能既美丽动人又满脸皱纹，既受人重视又老态龙钟。于是，在过去 20 年中，注射保妥适的年轻人增加了至少 3 倍也就不足为奇。[20] 以皱纹为靶子的抗衰老产业其中一个分支靠保妥适创造了近 2 千亿美元的利润。[21]

在二三十岁的美国女性中，注射保妥适预防皱纹现在已经常态化。《纽约时报》最近的一篇文章解释，针对年轻成年人的"婴儿保妥适"注射正在变得"去污名化"，但这篇文章未能言及这种做法正是源自年龄羞耻。[22]

不要以为靠对衰老的恐惧来获利的皱纹和抗衰老产业主要是在针对女性，其实贬损发际线后移的广告也在增加；过去 5 年，男性的手术植发率激增了 60%。在社会上，我们现在实际上对任何衰老的迹象都不敢直视。[23]

一个典型的抗衰老广告宣称其产品获得了年度"好管家抗衰老金奖"，接着还讲了它可以"帮助对抗头发老化的 5 个迹象"的方法。[24] 对近百个销售抗衰老产品的网站的分析揭示了一种普遍的话术：我们正在与老龄化做斗争，不购买抗衰老产品的消费者属于放任自流，缴械投降。[25] 这些网站几乎都在提供无效甚至有害的"治愈方法"，而且花费巨大。例如，人体生长激素是终极（而且昂贵）的灵丹妙药，其广告针对的是那些"不想迅速衰老，希望一直保持年轻、美丽和健康"的人。[26] 与此同时，这种在许多本地商店出售的激素也会增加你患糖尿病和癌症的风险。[27] 为了实现利润最大化，抗衰老产业的说客们帮助设置了一些空子，使该产业的一些产品和营销不受美国联邦法规的约束。[28]

抗衰老产业不仅对老龄化过程，而且对老年人本身进行污名化，从而扭曲了我们对美的概念。正如老年医学专家托马斯·珀尔斯所言："兜售者把老年人描绘成枯朽虚弱、盯着养老院墙壁的个体，这种大肆渲染的形象强化了我们这个年轻人导向的社会对老龄化的不准确和有偏见的看法。抗衰老已经成为反老年人的同义词。"[29]

银幕并没有那么银：流行文化中的年龄歧视

早在我在马萨诸塞州读研究生的时候，我就加入了灰豹组织的当地分支，这是一个代际的反年龄歧视活动组织，我是其"媒体观察"小组的成员。我们在报纸、杂志、电影和广播中搜寻年龄歧视的例证。

有一个月，我们重点关注那些贩卖流行的、令人恐惧的说法的新闻，这种说法源自一些专栏作者，把老年人称作"贪婪老怪"。[30] 例证比比皆是。但是，为了直接反驳这种观点，我后来进行了一项研究，结果表明，老年人实际上比年轻人更有可能反对旨在使同年龄段的人受益的项目（社会保险、送餐上门和医疗保险）。[31] 我还了解到，老年人比年轻人更有可能成为志愿者并向非营利组织捐款，而且他们为家庭成员和朋友提供了相当于数十亿美元的无偿照护服务。[32]

电视是传播年龄歧视的另一个载体。老年人看电视的时间比任何其他年龄段都要长，但电视上只有 2.8% 的角色是老年人，而且通常被降为次要和不受欢迎的角色。³³ 这种缺乏重要角色的情况很可能源于这样一个事实，即电视台和演播室往往排斥老年编剧，并依赖广告商，后者会优先考虑他们所谓的"核心人群"（18 至 49 岁），因为他们误以为只有 50 岁以下的人才会购买新产品。³⁴

虽然电视和电影业已经改善了对同性恋和女性角色做主角的包容度，³⁵ 但老年角色仍然受到冷落。当好莱坞电影刻画老年角色时，往往展现的是认知和身体机能衰退（《长路将尽》和《困在时间里的父亲》）、脾气暴躁（《斗气老顽童》及其续作）、令人恐惧——《探访惊魂》刻画了计划谋杀孙辈的祖父母，《老去》表现了当一个家庭开始迅速衰老时，他们的假期分崩离析并引发了种种恐怖。也有少数例外，如美国电视剧《同妻俱乐部》和英国电视剧《哈利法克斯最后的探戈》，以复杂和生动的方式刻画了衰老，但总的来说，老年角色仍然被边缘化。2016 年，在票房最高的 100 部电影中，60 岁及以上的角色仅占所有有台词的角色的 11%，而在那些老年人是重要角色的电影中，44% 包含年龄歧视的内容。³⁶

到目前为止，人们还没有普遍认识到好莱坞的年龄歧视问题。评选奥斯卡奖的美国电影艺术与科学学院，其领导层最近规定，电影必须包括来自代表性不足的种族群体或其他边缘化背景的演员（女性、性少数群体或残障演员）才有资格评选奥斯卡奖。³⁷ 学院主席在宣布这一举措时说，是时候让电影"反映我们多样性的全球人口"了。³⁸ 但这一举措没有提到包括老年演员。

20 年前，两次获得奥斯卡奖的女演员吉娜·戴维斯成立了一个研究所，致力于实现银幕上的性别平等。[39] 她说："直到我有了女儿，我才看到，在为孩子们制作的电影和电视中存在着深刻的性别不平等。在 21 世纪，我们当然应该向孩子们展示，男孩和女孩平等地分享着沙坑。"15 年来，她致力于为女性编剧和导演提供奖金并提高业界对缺少女编剧和女导演的问题的认识，她觉得她已经帮助达成了她所设定的一些目标。至少在银幕上，今天的男性和女性角色有了接近平等的代表性，尽管在编剧和导演方面还没有达到。[40]

现在，戴维斯已经把注意力转向了揭露年龄歧视。"一旦我的年龄进入四字头，我就掉下了悬崖。突然间，精彩的角色变得无比稀少，跟之前天差地别。"[41] 在 2019 年对美国、英国、法国和德国的票房最高的 30 部电影的调查中，吉娜·戴维斯研究所发现，主角里没有一个是超过 50 岁的女性。"我知道情况很糟糕，"她说，"但糟糕到如此田地实在是令人心痛。"[42]

我们的电视和电影文化扭曲了我们对老年和老年人的真实状况的理解。我的研究团队发现，那些在一生中看更多电视的人持有更消极的年龄刻板印象。[43] 而边缘群体的成员没有在电视、书籍、广告、网络或其他媒体中看到自己的形象代表，会导致自我价值感的降低。[44]

基于年龄对个体的排斥延伸到了时尚界，大多数模特的年龄更接近少年，而不是中年。在几年前一个时装周上，当时装设计师在纽约市展示他们的最新系列时，《纽约时报》的三位记者发现了困扰该行业的一些问题。[45] 他们的文章介绍了 12 位模特，其中 10 位是 20 多岁，且没有一位超过 32 岁。即使是这些年轻的模特也经历了年龄歧视。28 岁的勒妮·彼得斯（Renee Peters），14 岁时就在纳什维尔的一个商场里被一个模特经纪人招募，她感叹道："我昨天参加了一个试镜。我环顾四周，觉得每个人都一定是十六七八岁。而现在我已经过了 25 岁，我真的在质疑自己，我还漂亮吗？我还有价值吗？"[46]

社交媒体中的年龄歧视

Twitter、Facebook、YouTube 和 Instagram 现在构成了史上最大的盈利领域之一。仅 Facebook 就有近 20 亿用户，几乎占世界人口的三分之一。注意力是社交媒体上最令人垂涎的货币，这个行业诞生了所谓的注意力经济，而骇人听闻、固执己见、观点偏激的内容（"标题党"）最能吸引注意力。[47] 对边缘群体越负面的标题党，其效果就越好（点击量越大），这样广告商就会花更多钱投放广告。[48]

为了了解年龄观念在 Facebook 上的表现，我的研究团队分析了所有公开可获取的与老年人有关的群组，发现这些群组有74% 在诋毁老年人，27% 在将他们幼稚化，37% 主张禁止他们参与公共活动，如驾驶和购物。[49] 一个英国群组主张禁止老年人进入商店，理由是"他们有一股尿臊味，他们在停车场停不好车，浪费了特别宝贵的停车位置。要么在门口对他们进行年龄核查，要么实施自愿安乐死计划。我很乐意自愿干掉一个老年人"。我们向 Facebook 报告了 10 个这样最令人反感的站点，作为仇恨言论的例证；一年后，这些站点仍然存在。

在那次研究中，Facebook 禁止基于性取向、性别、种族和宗教的仇恨言论，却不包括年龄歧视。在 Facebook 社区规范的更新版本中，老年人现在受到反仇恨言论的保护，但只有当他们与另一个受保护的群体联系在一起时才会生效，例如对"老女人"的谩骂是被禁止的，但如果是针对一般意义上的老年人，如上文提到的英国例证，就不会被禁止。[50] 就其本身而言，不同于其他类型的偏见，年龄歧视是被纵容的。

在新冠病毒大流行的最初三个月，在 Twitter 上，100 多个国家的 140 万人点赞或分享了含有"老人清除剂"（boomer remover）一词的推文，该词对老年人正在死于新冠的状况表达了讥讽。[51] 在另一项研究中，心理学家卡伦·胡克（Karen Hooker）和她的团队使用一种复杂的计算方法，发现 33% 提到阿尔茨海默病的推文是在讥讽老年人。[52]

社交媒体网站是用户传播年龄歧视刻板印象的完美媒介。它们提供的匿名性消除了用户对后果的恐惧，鼓励了极端、挑衅和仇恨的言论。

在社交媒体上肆意喷发的不仅仅是年龄歧视的仇恨言论，公然的（和非法的）年龄歧视做法同样猖獗。社交媒体公司汇集了有关其用户的各种数据，并利用这些数据来计算谁在观看什么广告。根据这些数据，社交媒体网站知道谁是老年用户，并在投放某些住房广告、信贷邀约和招聘信息时屏蔽了他们，这实际上是在老年人面前重重地关上了一扇门。[53]

一个住房监督组织发现，在 50 年前罗伯特·巴特勒首次提出年龄歧视的那个华盛顿特区社区，Facebook 允许广告屏蔽潜在的老年租户。年龄歧视仍然存在，只是以一种更隐蔽和结构性的方式。根据这些公平住房活动家的说法，华盛顿特区的这种年龄歧视"不是由一两个无意中滥用数字工具的临时工实施的，而是牵涉在全国范围内经营几十万套公寓的高层领导。他们向 Facebook 支付了大量资金，以便直截了当地拒绝向老年人投放广告"。[54]

仅在 2019 年，Facebook 就解决了 5 起与年龄歧视有关的诉讼；然而，住房和招聘方面的网络年龄歧视做法仍在继续。[55] 为网上招聘广告花钱的公司，通过将广告发布在老年人看不到的地方，故意将老年人排除在外，这些公司你都很熟悉：塔吉特公司、UPS 快递、州立农业保险公司、亚马逊公司和 Facebook，Facebook 员工年龄的中位数是 28 岁。[56]

年龄隔离：年龄歧视的空间

尽管在过去的 100 年里，老年人在美国人口中的比例稳步增长，但代际接触却在稳步下降。在这段时间里，美国已经从世界上年龄融合度最高的国家之一变成了年龄隔离度最高的国家之一。[57] 家庭的年龄多样性正在减少。在 1850 年，70% 的美国老年人与成年子女一起生活，11% 与配偶生活或独居；到 1990 年，只有 16% 的美国老年人与成年子女一起生活，70% 与配偶生活或独居。[58] 事实上，即使有红线政策⊖和猖獗的种族隔离在前，

⊖　即在城市地图上为银行投资和抵押贷款标红出一些特定区域，警示银行等机构不要为这些区域的居民提供贷款服务等，这种政策加剧了美国的种族隔离。——译者注

我们的社区现在其实是被年龄和种族同等地隔离开。[59] 这个问题并不限于美国。1991 年，一个英国儿童有 15% 的机会住在一个 65 岁以上的人附近；今天，这个比例已经下降到 5%。[60]

年龄隔离背后的一个因素是持久的、被误导的社会观念，认为让年轻人远离老年人在某种程度上是有益的或自然的。而其他类型的隔离，如基于种族或性别的隔离，则被政策制定者、学者和公众认为是有害的。[61] 在我工作的纽黑文，市政规划者将老年公寓建在被高速公路或水路隔开的地方，简直就是为了隔离这些人口。这种物理隔离使年轻人和老年人在街角或公园里日常休闲互动的可能性基本降为零。

这种缺乏接触的情况对社区的年轻成员和年长成员都是一种不可估量的损失。它不仅削弱了年轻人和老年人之间的共情和社会联结，而且消除了减轻年轻人对老年人的消极刻板印象的机会。

工作场所的年龄歧视

考虑一下这种场景：你一直担任一家大公司的营销主管，多年来因你的许多创造性战略举措而备受赞扬。然而，有一天，你做出了一个得到公司其他人支持的决定，但你的老板却不同意。你解释了你的理由。作为回应，你的老板告诉你，你应该辞职。他并没有直接解雇你，而是说你的思维已经"过时"，并建议你也许"是时候退休了"。

　　这就是发生在 61 岁的格雷·霍利特（Gray Hollett）身上的事情，他被这种年龄歧视的遭遇搞得一蹶不振。[62] 而霍利特并不是孤例。在网上搜索"工作场所的年龄歧视"，你会找到上百个像他这样的故事：人们因为年龄大了而被赶出公司。[63] 根据美国退休人员协会的一项调查，三分之二的美国劳动者说他们在工作场所目睹或亲身经历过年龄歧视，这其中有 92% 的人说这种现象很普遍。[64]

　　在美国，在工作场所以年龄为由歧视某人是非法的。1967年通过的《雇佣中的年龄歧视法》（Age Discrimination in Employment Act，ADEA）是这样规定的。但这项法律名存实亡。[65] ADEA 不允许补偿性或惩罚性的损害赔偿，这意味着律师没有动力去处理与年龄歧视有关的案件，而且对于受到不当对待的老年人来说，提起这些诉讼可能非常花钱。不仅如此，ADEA只适用于已经有工作的人，而不是求职者。[66] 因此，如果你因为"太老"而被一份工作拒绝，ADEA 是不会帮你的。

　　这一切背后的讽刺之处在于，随着年龄增长而产生的工作经验，往往最有助于晚年工作的成功。[67] 专门研究土壤健康的植物学家本杰明·达格尔（Benjamin Duggar）在 70 岁时被迫从威斯康星大学的教职上退休，随后就被莱德利实验室聘用，他在 73 岁时分离出一种叫作四环素的化合物，这种化合物已成为世界上最广泛使用的抗生素。[68]

　　老年劳动者不仅能够取得显著性突破，他们还更可靠，更少跳槽，更少缺勤，以及更少发生事故。[69] 然而，年龄歧视在就业周期的每个阶段都很猖獗。我的团队研究了 45 个国家的工作场所（包括白领和蓝领）中的年龄歧视，我们发现老年劳动者被雇用的可能性明显低于年轻的求职者，被雇用后受到培训和晋升的可能性也明显更低。[70]

哈佛商学院在德国一家宝马工厂进行的一项研究证明了留住老年劳动者的好处。研究发现，年龄混搭的装配线生产力更高，缺勤更少，产品缺陷也更少。最重要的是，在研究结束时，没有一个工人想离开这个年龄混搭的团队。[71]奇普·康利在 55 岁时帮助爱彼迎（Airbnb）建立了类似的年龄混搭团队，他发现这些团队之所以成功，是因为"年长的员工知道如何框定问题，并为结果建立问责制"。[72]

卫生保健中的年龄歧视

医疗领域应该是提供帮助和治愈的，但它并不总是这样做。我对医生没有偏见（我丈夫是一名出色的医生），疫苗和手术很可能拯救过我和家人的生命，就像它们可能拯救过你的生命一样。但是很多时候，医学和科学对待认知和身体衰老，是将其框定为各种生物学特征的逐渐退化，而不是将其当作一个可以包括由一系列因素（包括经验）带来积极变化的时期。[73]

西方医学如此倚重消极的年龄刻板印象，并把不可避免的衰退作为叙事，原因之一是有利可图。卡罗尔·埃斯蒂斯（Carol Estes）所说的价值数十亿美元的"医疗残疾综合体"是建立在昂贵的手术、设备和药物上的，这比预防工作（如锻炼）或试图解决导致残疾和疾病的首要因素（即社会原因）这一具有挑战性却必要的任务更有利可图。[74]

衰老被视为一种单纯的生物医学现象，扮演了关键角色的年龄歧视等社会决定因素却遭到忽视，医生倾向于把可治疗的症状当成是老年的标准特征（例如，背痛或抑郁）。[75] 医生越是将衰老与疾病混为一谈，就越是强化了衰老就是一种病态的观点，这可能导致对老年患者的治疗不足。毕竟，医生如果预期老年患者的健康状况会下降，就不太可能尝试帮助他们改善状况。

想象一下，某天早上因背部疼痛而醒来，发现难以行走，去看医生时却被告知："你还期盼什么？你都已经老了。"这正是老年医学专家卡里·里德（Cary Reid）主持的一项研究的其中一位受试者所遭遇的事情，该研究考察了为什么老年人并不总是寻求或接受背部疼痛的护理。[76]

许多医生对老年人的正常健康状况了解得不够，而他们所了解的信息往往受到消极年龄刻板印象的影响。例如，35% 的医生认为老年人有高血压是正常的（其实不然），[77] 许多医生未能收集老年患者的性生活史，即便在感染艾滋病毒和艾滋病的人群中，65 岁以上年龄组是增长最快的。[78] 这导致这些医生对性传播感染、勃起功能障碍或性欲减退的误诊。

许多医生对老年患者的消极而且通常是错误的看法是怎么形成的？不幸的是，他们往往是在医学院里获得的。医学院学生第一次遇到的老年"患者"，往往是供解剖用的老年尸体。[79] 所有的医学院都要求进行儿科学培训，却很少有医学院要求进行老年医学培训，部分原因是只有为数不多的老年医学专家来教他们，这成了一个恶性循环。[80] 一项研究发现，随着医学生在培训中的进程，他们对老年患者的看法变得更加消极。[81]

当罗伯特·巴特勒在接受培训时，他发现医院的老年患者被称为"GOMER"（英语"滚出我的急诊室"的首字母缩写），这个词一直被使用到今天。英国卫生部的全国患者与公共事务主任描述了医务人员如何"经常将老年患者非人化，称他们褶子脸（crinklies）、脆骨头（crumblies）或床位霸占者（bed blockers）"。[82] 巴特勒解释，在他的研究中，他"对有关老年人的医学词汇感到震惊，其中充斥着残酷和轻蔑的词汇"。[83] 从那时起，他决定进入老年医学领域。他在医学院遇到的消极年龄观念与他心目中养育他的充满活力和能量的祖母形象大相径庭。

一些医学院为了训练未来的医生了解老年患者，给他们的学生配备了模糊视线的眼镜，限制他们行动的腿部重物，以及削弱听力的耳机。为了完成培训要求的"老龄化体验"，学生们被送到不同的"活动站"。[84] 在其中一个站点，学生们在一个模拟的晚宴上体验社会隔离，他们被排除在对话之外。虽然这种培训的目的是灌输共情，但如果医学生被引导着假定他们未来面对的老年患者是虚弱的和有缺陷的，而不是能使晚宴活跃起来的精力旺盛、机能正常的人，其效果恐怕是强化了消极的刻板印象。[85]

作为老年患者不受重视的一种体现，卫生保健系统支付给老年医学专家的费用也比许多其他医学领域的专家要少。[86] 毫不奇怪的是，老年医学领域在许多国家正经历着合格医生的极端短缺。同时，一项调查发现，老年医学专家往往比其他专家更喜欢他们的工作，因为他们在与老年患者的互动中能获得满足感。[87]

消极的年龄刻板印象解释了为什么许多医生不那么有耐心，不那么投入，也不那么愿意向老年患者解释病情或治疗的细节，这往往使患者在病后恢复时得不到所需的信息来照顾自己。[88] 这些刻板印象也导致了对老年患者的治疗不足。

通过对年龄歧视如何影响老年人健康的调查性研究进行系统性回顾，我的研究团队发现，在 85% 的关于获取卫生保健的研究中，与除年龄外各方面都相同的年轻患者相比，服务提供者更不鼓励或直接拒绝老年患者获得某些治疗。在所有 45 个国家中，年龄歧视都造成老年人的健康状况恶化。[89]

尽管如此，卫生保健中的年龄歧视还没有被视为一个广泛存在的公共卫生或人权议题。为了帮助政策制定者直观地了解其影响，我与一位经济学家兼统计学家合作，为年龄歧视造成的健康成本贴上了价格标签。[90] 我们发现，美国每年因年龄歧视造成的健康成本高达 630 亿美元，[91] 这比美国最昂贵的慢性病之一——病态肥胖症的成本还要高。[92] 这是我们在可预防的卫生保健成本方面可以节省的费用，而且是一个保守的估计，因为我们只考虑了 8 种健康状况，还没有包括工资损失的成本。

马丁·路德·金说过："在所有形式的不平等中，卫生保健方面的不公平是最令人震惊和最不人道的。"[93]

年龄歧视与其他歧视的交织

我已经描述了年龄歧视的许多领域，但年龄歧视的触须并不总是整齐地附着在我们生活的各个领域中。这些领域存在重叠，而触须会发生缠结。我们都会接触到充满年龄歧视夸张手法的歌曲和故事；我们都会与将老龄化问题进行医疗化处理的卫生保健系统打交道；我们都会被淹没在年龄歧视流行文化的汪洋大海中。我们中的大多数人都会在多个领域经历累积性的年龄歧视。而我们从研究中已经知道，对健康影响最严重的应激类型是那些反复出现的、不可预测的应激，正如经常遭遇的慢性和不确定的年龄歧视。[94]

年龄歧视与性别歧视、种族歧视、同性恋恐惧症以及人们一生中接触到的其他偏见交织在一起。在美国，有色人种和女性更有可能在低薪的工作环境中工作，这对他们的健康产生负面影响。于是，他们进入老年时会有更多的健康问题，更少的积蓄，更少的卫生保健选择。人们通常不会随着年龄增长而脱离不平等，相反，不平等在年老时愈加恶化。[95]

2021 年，全美针对亚裔的暴力仇恨犯罪出现了惊人的激增。亚裔在街上、家门口或去教堂的路上遭到身体伤害。这些受害者中有许多是老年女性，但当人们对这一连串暴力事件发声时，很少有人提及年龄或年龄歧视。纽约唐人街的社区倡导者陈家龄（Karlin Chan）是一个例外，他说："这让我们的老年人和妇女更加担心。他们似乎在故意刁难老年人。这些人是机会主义者。他们不会故意刁难一个健壮的年轻人。"[96]

这是一个例子，说明了年龄歧视如何被其他歧视所加强。"叠变"（intersectionality）是指年龄歧视与其他形式的歧视相结合，加重了各自的问题，扩大了各自的影响。在美国，无力负担充足食物的老年人的比例在有色人种中是最高的，64% 的非裔老年人和 74% 的拉丁裔老年人的生活水平刚刚超过贫困线。[97]

另一个例子是许多老年美国原住民所面临的健康问题和极度贫困。这个群体的成员死于新冠的比例很高，这在很大程度上是因为他们获得的卫生保健服务有限。[98]

60 岁的诗人、丘马什部落成员德博拉·米兰达（Deborah Miranda）描述了这种污名化对老年美国原住民的叠加影响："这是一种无休无止的斗争。你未曾得到过喘息。有很多创伤，有很多应激。"她告诉我，由于结构性歧视限制了获得可维持生计的薪水和足够的卫生保健，她的部落的许多成员无法活到老年，而那些活到老年的人往往受到种族歧视和年龄歧视的叠加折磨，对女性来说，还要加上性别歧视。

她的祖母在中年时去世。而她的祖父汤姆一直活到了 75 岁，他一生中大部分时间都在遭受种族歧视。到了晚年，他被白人文化中的消极年龄刻板印象所同化，让状况变得更加恶化。他觉得自己作为一个老年人或美国原住民没有什么价值，所以他从不与孙辈分享关于部落习俗、舞蹈或语言的知识。德博拉后来发现，他会偷偷地"制作自己的礼服，并到山上去跳舞"。她甚至不知道他会说部落的语言。"直到他临终前"她才第一次听到他说丘马什语。

我们该何去何从

年龄歧视的普遍性和纵深性意味着必须在两个层面上来战胜

它：第一，当我们遇到消极的年龄观念时，在个人层面上与之对抗；第二，与在这些观念基础上运作的社会机构对抗。关于这些对抗的指导原则，会在接下来的两章中呈现，并在附录 A 至 C 中详细说明，这些指导原则合在一起可以帮助建立一个年龄包容和公平的社会。

9

个体的年龄解放：如何解放你的思想

艾琳告诉我，当遇到年龄歧视的言论或行为时，她会礼貌但坚定地指出那是不恰当的。最近，她的医生对她说话很大声，尽管她的听力没有任何问题，而且他的大部分话都是对她儿子说的。艾琳很郑重地向他指出："我的听力很好，谢谢你。而且我儿子不是你的病人，我才是。"医生有些尴尬，但仍然不失风度地告诉她，他是没有意识到自己刚才的做法。

虽然年龄观念在我们的一生中得到同化和强化，但它们也是可塑的。年龄观念没有任何固定或不可避免的成分：我曾在实验室里改变过它们，它们还可以随历史发生转变，而且它们在不同的文化中有着巨大的差异。

在这一章中，我将告诉你如何从一个年龄衰退的心态转变为一个年龄旺盛的心态。为此，我会介绍 ABC 方法，这个方法是我在科学发现和观察的基础上为本书开发的。**它包括三个阶段：提高意识（Awareness），归咎（Blame）于恰当的对象，挑战（Challenging）消极的年龄观念。**这个方法将表明，消极的年龄刻板印象并不是一个有护城河围着而无法攻破的堡垒。这些策略可以帮助你消除消极观念，强化积极观念。这也是本章和附录 A 中的练习的目的。

年龄解放的 ABC 方法

A：提高意识

意识始于内心

成功改变我们的消极年龄观念取决于我们识别它们的能力。如果不首先对我们的年龄观念进行全面评估，我们就无法改善这些观念。通过检查自己对老年人的描述是否存在消极刻板印象来监测自己的年龄观念，并将这些描述归类为消极刻板印象。如果你发现自己开车时会小声嘀咕前车的老年司机，那你就提醒自己，老年司机出的事故比年轻司机少，开车时也更少会发手机信息。[1]你还可以想想许多优秀的老年司机，比如全美运动汽车竞赛协会（NASCAR）的威廉·摩根·谢泼德，他在 78 岁时还在比赛。

注意我们对老年人说话的方式是有帮助的。在美国和欧洲，当我们与老年人，特别是那些正在接受照护的老年人说话时，许多人会采用"哄老语"，包括使用简单的语言，唱歌式的语调和比平常大的嗓门。[2]有时我们还会拿通常是给小孩或小狗起的名字来称呼老人，如"小可爱""小抱抱""小亲亲"或"小甜心"。这种语言很容易降低听者的自我价值感。[3]最近，在与一位百岁老人交谈时，我发现自己说话的声音很大，而且主要使用单音节的词语。我很快意识到她在听力和理解上都没有问题；她甚至带着一种会心的微笑看着我，仿佛她知道我正在做的这些。于是我刻意调整了自己的说话风格，改用了我对同龄的亲密朋友的说话方式。不知不觉中，我又开始用我日常的语言和她说话了。

意识到积极老龄化形象的组合

我们越是意识到并吸收积极的老龄化模式，我们从周遭的年龄歧视中吸收的有意识或无意识的消极年龄观念就越容易被打破。[4]想一想被你视作积极老龄化榜样的人，比如你的父母、你的邻居、你的大学历史教授，你认识的图书馆馆员，在友谊长椅上提供谈话治疗的津巴布韦库西奶奶，对时事进行搞笑评论的60 来岁的咖啡馆服务生。这些人的行为如何驳斥了消极刻板印象或加强了积极刻板印象？

积极的榜样不只是让我们感觉良好；他们实际上有助于改

变我们的行为。以"斯库利效应"为例，它是以《X档案》中吉莉安·安德森饰演的虚构的联邦调查局科学家达娜·斯库利命名的。经常看她表演长大的女孩更有可能学习科学并进入科学领域。[5]

积极老龄化榜样还有其他方面的帮助。我发现，老年人在 4 周的时间里，每周一次简短地写下想象中的一位虚构的健康活跃的老年人一天的生活，就会显著减少他们的消极年龄观念。[6] 其他人的一些研究也发现了一致的结果。那些两岁前家里就有老年榜样的人，在以后的生活中通常比那些在童年早期缺失这种榜样的同龄人更健康。[7] 而在实验中受到老年榜样（如特蕾莎修女或爱因斯坦）启动的大学生，在内隐年龄歧视测试中的得分比没有受到启动的大学生低得多。[8]

除了祖母霍尔蒂，我成长过程中还有其他我钦佩和崇拜的祖辈，以及在其晚年继续激励我的父母。我 78 岁的妈妈埃莉诺是一位充满激情的免疫学家，曾经负责一个创新型医学研究实验室，在我写这本书的时候，她是"祖母在行动"（Grandmathers in Action）团体的一个分会的负责人，该团体负责组织"出门投票"活动。我 85 岁的父亲查尔斯是一位社会学家，他对越战老兵的研究为鉴定创伤后应激障碍奠定了基础，现在他作为年轻研究者（包括我）的导师，还在不知疲倦地工作。

重要的是要建立一个多样化和细致入微的积极老龄化形象的组合。通过这种方式，你可以将不同类型的令人钦佩的品质与老龄化进行关联。

如果只以单个超常的或过于积极的形象作为自己生活的榜样，可能会适得其反。例如，由宇航员转为参议员的约翰·格伦，在 77 岁时重返太空，或者最高法院大法官露丝·巴德·金斯伯格，80 多岁时还写出了精彩的法庭意见。这些潜在的榜样可以让我们给他们贴上超常的标签。[9] 毕竟，我们当中有多少人能在两个"高大上"的职业之间来回转换，或者在这片土地上的最高法院任职？不过，注意到我们钦佩的老年榜样的具体品质（如金斯伯格大法官的职业道德，或她对性别平等的承诺）会是更有帮助的，因为对我们大多数人来说，提升这些品质是一个更可实现的目标。

意识到年龄多样性以及对年龄的盲视是自欺欺人

老龄化是一个特别异质的过程：事实上，我们越老，彼此之间的差异就越大。[10] 这是由社会和个人因素共同造成的。把 60 岁以上的人看成是一样的，就像把 20 岁到 50 岁之间的人归为一类那样没道理。[11] 不幸的是，美国乃至全球的许多新闻报道和健康研究要么把老年人排除在外，要么把他们作为一个同质化的人口。这使得我们无法仔细观察或制定政策和计划，以便更好地将资源给到这个年龄组。这也使我们很容易回避对老龄化过程中的显著多样性的考量。

就像对颜色的盲视消解了种族的重要性，对年龄的盲视同样消解了年龄的重要性。如果你注意到这一点，你就会开始注意到这种盲视是多么普遍。一个在我家附近超市卖鱼的好心人称呼年长的顾客"年轻女士"和"年轻男士"。在美国，我们常常跟几年未见的成年人说他们看起来"一点儿也没老"。虽然这是一种恭维，但是，忽视或看低某人的年龄可以视作是对某人的贬低，因为它意味着年龄认同是最不重要的。[12] 因此，最好的做法是不要假装没有发生老龄化。变老是需要被考虑和重视的事情。假装没有注意到它，只不过是把它的优势以及可能伴随的歧视扫到了地毯下面，根本不是什么解决办法。

意识到日常生活中无形的年龄刻板印象

除了审视内心并留心你对他人的描述，还要在其他各个方面搜寻年龄刻板印象。起初，你可能会觉得自己在寻找一些看不见的东西。这就像一个笑话说的，两条小鱼在游动时遇到一条老鱼，老鱼说："嘿，伙计，水怎么样？"两条小鱼继续向前游，这时其中一条问另一条："到底啥是水？"[13]

一旦你开始注意水，你会发现目之所及都是水。在我的耶鲁大学健康与老龄化课上，学生们在学期开始时对年龄歧视的意识相对较低；三个月后，他们无论是拿起报纸，还是看社交媒体，或者与他人交谈时，都无法不注意到生活中到处潜藏着的消极年龄刻板印象。

一名学生突然被她以前看到过许多次的机场安检标志震惊了："如果你是 12 岁以下或 65 岁以上，你就不需要脱鞋。"此前她既没有思考过为什么美国联邦运输安全管理局会将这两个年龄段的人等同起来，也没有思考过这种把老人当孩童的做法可能对老年人产生的影响。

当你开始密切关注某个现象时，就会出现巴德尔·迈因霍夫效应。[14]假设你想买一辆新车，比如一辆斯巴鲁旅行车。突然间，它们无处不在：在高速公路上、在机场停车场、在你家街道上，你都会注意到它们。原来你朋友的姐姐开的就是这款车；你还得知这是你父亲的第一辆车。这看上去像是个阴谋论，但事实并非如此。只因你惦记着斯巴鲁旅行车，你才会更频繁地注意到它。年龄歧视是一样的道理：一旦你开始思考它，你就会看到它无处不在，几乎存在于每一件事中和每一个人身上。

有些形式的年龄歧视很容易观察到。例如，我家附近的聚会商店为老年人生日用品保留一条走道。如果你找不到这个区域，请寻找印有"下坡路"字样的指示牌。在那里，你会发现印着墓碑的黑色气球，以及印有冷酷警告的桌布："如果你是一匹马，你现在已经被枪毙了。"

其他年龄歧视的情况更难被注意到，因为它们涉及的都是老年人的缺席。这方面的例子包括医院因病人的年龄而拒绝提供所需的医疗服务；在促进媒体、营销和工作场所的多样性代表的讨论中不涉及年龄；以及拒绝让老年人参加可能带来疗效改善的医学试验。尽管这些都很容易被忽视，但关键是要注意它们是否包含了老年人并为老年人提供了平等的机会。

意识到我们自己的未来

对于我们这些还没有老的人来说，与其觉得自己与老年人有本质上的区别，不如把自己当作正在受训实习的老年人，这样做是很有帮助的。如果一切顺利的话，我们都会成为老年人。在这种情况下，你的消极年龄观念可以被重塑为对未来自己的偏见。

　　在你年轻的时候，很难准确地想象自己变老时的图景，特别是如果你没有和年长的人有过密切的接触。抵制老龄和回避老年人是许多年轻人在年龄歧视的社会中学到的一种做法，而他们往往没有意识到。**接近老龄化的一个更好的方式是通过积极的代际接触，这是一种双赢的做法。**多去寻找老年人，无论是通过代际瑜伽课程、在线读书俱乐部、欢迎所有年龄人群的公共空间，还是通过灰豹这样的年龄公平团体——其座右铭是"老年与青年行动起来"。试着认识一位年长的同事或邻居。与一位年长的亲戚一起做一个项目。最近有一篇对全球研究的综述，考察了将不同年龄段的成年人聚在一起进行各种活动（如在贫民救济处做志愿者）所带来的影响，发现这样做可以改善年轻人对老年人的看法，反之亦然。[15] 如果没有现成的直接经验，还可以寻找机会更多地接触那些由老年人制作的电影、书籍、博客、播客以及其他媒介。

B：归咎于恰当的对象

归咎于年龄歧视，而不是老龄化

　　一旦你意识到自己的年龄观念和那些渗透在你的文化中的观念，你就准备好了开始用 ABC 方法的 B 阶段来重塑你对老龄化的理解。当某人遭受年龄歧视（包括消极年龄刻板印象）攻击时，应该将归咎对象从某人转移到恰当的目标上：年龄歧视本身及其社会来源。这需要从一件坏事发生的大环境中寻找问题的真正来源。一个好的开端是认识到，让变老举步维艰的通常是年龄歧视，而不是老龄化过程本身。

我最近听一位医生讲了这样一个故事。一位 85 岁的老人因膝盖隐隐作痛而去看医生，却被告知："瞧瞧，这块膝盖已经 85 岁了。你还能指望什么？""嗯，是的，医生，"患者回答，"但我的另一块膝盖也有 85 岁了，它可一点儿也不疼。"

医生以患者年事已高为由来消除患者的担忧，这意味着医生在归咎于年老，而起作用的可能是别的因素。这位医生没有调查问题的根源，而是依赖年龄歧视的假定——晚年生活的衰退是不可避免的（这种年龄观念往往在学前教育中就被植入，并一路强化到进入医学院），实际上推卸的是他作为医生的责任。患者的膝盖出问题，可能是因为他最近在车道上铲雪时拉伤了肌肉。但由于这是一块"老膝盖"，医生就认为这个问题不需要他来处理。他错误地把问题归咎于一些据说是衰老所固有的因素，于是爱莫能助。

当出现问题时，我们有一种自然的倾向，即归咎于人而不是他们所处的情境。这被称为基本归因错误。[16] 如果你在收银台排队时有人插队，你会断定他们很粗鲁，而没有想到对方可能是一个急于为家里生病的孩子买药的忧心家长。

当我向听众介绍我的研究时，人们经常在演讲结束后跟我说些诸如"嗯，消极的年龄刻板印象固然比比皆是，但它们反映的是衰弱与变老形影相随的事实"的话。这种想法的第一个问题在于，关于老龄化是一个不可避免的心理和身体衰退的时期这一流行叙事是错误的。回想一下帕特里克，他在 70 多岁时继续扩充他对蘑菇物种的庞大记忆，还有莫里纳，她在 90 多岁时成为一名游泳健将。第二个问题是，这种想法把因果关系搞混了。正如本书已经描述过的，源自社会的年龄观念影响着我们的健康和衰老的生物标志物。对于我们是如何变老的这个问题，社会往往是因，而生命机理是果。

那什么是重塑我们的因果思维的最佳方法呢？我们可以转换归咎对象。

归咎于上游的原因：拯救溺水者

你可能会想，为什么我建议通过重塑年龄观念来改善健康，而不是通过调整具体的健康行为。毕竟，大多数关于老年健康的书都建议把重点放在吃好、减少应激和锻炼等方面。虽然这些行为对健康和长寿都有帮助，但从长远来看，把这些行为作为目标往往是不成功的，有时甚至会适得其反。[17] 为什么？当你专注于不健康的饮食、高应激水平或缺乏锻炼时，你处理的是下游因素而不是上游因素。让我用医学社会学家欧文·佐拉（Irving Zola）的一个比喻来说明我的意思：

你站在水流湍急的河岸边，看到有人在水中挣扎，甚至可能溺水。你冒着生命危险，扎进冰冷危险的水流中，设法将那个人拉回岸上。你在做心肺复苏时，听到一声尖叫，看到另一个人在水中挣扎。你再次扎进河里，将他拉到安全地带，并再次开始抢救，这时河水又卷来几个不停喘息的溺水者。一种骇人的恐慌笼罩了你，因为你意识到是在上游更远的地方发生的什么事情导致所有这些人落水。你想到试图通过干预问题源头来防止人们落水，但当你忙于拯救溺水者时，是无法对源头进行调查或做任何事情的。[18]

这是公共卫生的一个典型挑战：既要解决迫切的、紧急的下游问题（溺水者），又要处置危险的、结构性的上游原因（不论原因是什么，都是导致人们落水的根源）。年龄观念是位于上游的对健康和福祉的预测指标。改善你的年龄观念可以让你更容易改变自己的卫生习惯，而不是仅仅关注这些习惯。基于观念的习惯是可以由内而外改变的。

在这个比喻中，年龄歧视的上游因素，包括消极的年龄观念，可以用一个把人推入河中的坏蛋来代表。我们需要束缚这个坏蛋。理想的改变方式是掀起社会改革的浪潮，将年龄歧视一扫而空。不过，在那实现之前，我们可以通过本章介绍的 ABC 方法来保护自己不被水流卷走，附录 A 中也有更详细的描述。

C：挑战消极的年龄观念

ABC 方法中的 C 意为挑战年龄观念。我们在研究中发现，那些通过直面而不是忽视年龄歧视来积极应对的老年人，较少出现抑郁和焦虑。[19]这一发现特别适用于消极的年龄观念：我们越是挑战它们，它们对我们的控制就越不牢固。

大声说出它

挑战年龄歧视意味着当你看到它时，要把它大声说出来。这适用于私人交往和公共论坛。

例如，64岁的反年龄歧视活动家阿什顿·阿普尔怀特在网上开设了一个名为"嘿，这是年龄歧视吗？"的专栏，读者们会向她提出各种各样的言行，由她回答是否属于年龄歧视。阿普尔怀特以温和、深思的方式大声说出年龄歧视，并鼓励她的读者也大声说出它。最近，一位读者问道："你对'面向心态年轻的人'这个说法怎么看？"阿普尔怀特回复："'心态年轻'是什么意思？贪玩？倾向于浪漫？勇于冒险？在我们生命中的任何时间点上，我们都可以有这些感受，或者与之相反的感受。像'心态年轻'这样以年轻人为中心的语言属于年龄歧视，因为它暗示了对立面的存在。"[20]

越来越多的名人公开发声反对年龄歧视。例如，巨星麦当娜最近吐槽："人们总是拿这样或那样的理由试图让我消声……现在的理由是我不够年轻。现在我正在与年龄歧视做斗争，现在我因为年满60岁而受到惩罚。"[21]同样，罗伯特·德尼罗在72岁时也吐槽过电影业："在这个行业里，年轻是其文化的一个非常重要的部分。如果你在意的话，年龄并不像在其他地方那样受到尊重。……要参演电影，他们更希望你是年轻貌美或年轻英俊。"[22]

不太出名的人也在自行采取行动。例如，我83岁的公公是一位流行音乐教授，也是一位在茱莉亚学院受训的出色钢琴家，他对聘用他的宾夕法尼亚州的一所大学提起了年龄歧视的诉讼，该大学试图通过让他的日常生活变得越来越麻烦来迫使他退休。

挑战可以从娃娃抓起。当我养育女儿时，我给她们念那些展现有吸引力而且有趣的老年角色的书籍，以期让她们接触到积极的年龄观念。我还选择了展现年龄多样性的电视节目。我还鼓励她们指出悄然出现的年龄歧视，以期保护她们，不去吸收消极的年龄观念。罗尔德·达尔的小说《小乔治的神奇魔药》以一个相当不宜人的描述开篇，令她们感到惊讶："姥姥像条干瘪的银汉鱼，头发灰白……牙齿褐黄，小嘴噘得像狗的屁股。"当我们读到这些描述时，我的一个女儿皱起了眉头。另一个女儿说道："嗯，对姥姥的刻画很刻薄。"

另一种形式的挑战也出现在我女儿上小学的时候。在美国小学嘲弄老年人的百日庆祝活动之前，她们参加了一个才艺表演，主持人是两个受欢迎的四年级学生，他们戴着白色的假发，穿着破旧的拖鞋，挂着拐杖在舞台上走来走去，身影佝偻，性情暴躁。主持人会在宣布下一个表演时，话说到一半走神，仿佛忘了自己要说什么。包括许多老师在内的观众们都哈哈大笑并欢呼。

为了挑战主持人年龄歧视的夸张手法，我和女儿们创建并开展了一个反年龄歧视工作坊，孩子们可以谈论他们在舞台上看到的年龄刻板印象，以及不同于这些形象的老年人。女儿们还带领她们的同学以小组为单位，用来自一堆杂志或他们自身经历的照片制作拼贴画。一半的小组制作的拼贴画展示了年龄歧视，另一半小组制作的拼贴画展示了一些老年人的正面形象。

其中一位老年人，坚定地挑战年龄歧视，她是 99 岁的艾琳·特伦霍姆，我父母在佛蒙特州青山的一位邻居。她经营着一间名为"二手散文"的旧书店，将其利润捐给当地的图书馆。她负责安排书店员工的轮班，并对捐赠的书籍进行分类。在最近的一个下午，艾琳邀请我在她位于山顶的宽敞的维多利亚式住宅里喝咖啡。在我们之间的咖啡桌上，摆放着她刚刚完工的一幅古斯塔夫·克里姆特画作的千片拼图——她每周都会拨弄并拼合一幅新拼图的碎片，以舒展她的思维和手指。

艾琳告诉我，当遇到年龄歧视的言论或行为时，她会礼貌但坚定地指出那是不恰当的。最近，她的医生对她说话很大声，尽管她的听力没有任何问题，而且他的大部分话都是对她儿子说的。艾琳很郑重地向他指出："我的听力很好，谢谢你。而且我儿子不是你的病人，我才是。"医生有些尴尬，但仍然不失风度地告诉她，他是没有意识到自己刚才的做法。

当朋友被年龄歧视的笑话或行为针对时，艾琳也会介入。她说："当我们变老时，人们并不总是善良的。"因此，她尽自己的努力，试图改变这种状况。她告诉我，她的勇气来自她的祖母，祖母在她现在居住的小城郊区的一个奶牛场里把她养大。"无论你做什么，"她的祖母曾经告诉她，"我希望你能自食其力。"

在附录 A 中，你会发现一套练习，可以让你通过 ABC 方法来增强积极的年龄观念。为了说明 ABC 方法在现实世界中的应用效果，让我向你介绍苏珊。

一个践行 ABC 方法的故事

在芝加哥大学，当时还是年轻博士生的苏珊·贾尼诺（Susan Gianinno）正面临着一个窘境。她正准备前往巴布亚新几内亚，对当地的社会动态进行为期数月的广泛田野研究，这时她的宝贝女儿被诊断出患有慢性扁桃体炎——虽然不是什么大病，但如果不治疗的话就很严重。孩子需要密切的医疗监护和抗生素，而当时在这个南太平洋岛国，这两样都不容易得到。

她决定，与其绕半个地球去做她的博士论文，不如想办法在美国完成论文。就在思索如何调整她的论文题目时，她接到了一家大型广告公司的研究主管的电话。研究主管是从学校的一位教授那里拿到的电话号码，他希望能招募社会科学家来让公司取得优势。苏珊犹豫了几天后最终决定接受这份广告工作。

她大笑着说："我被安排调研麦当劳。"在几周内，她从计划研究社会支持因素如何影响南太平洋一个岛国的福祉，转为了试图搞清楚"为什么汉堡王的皇堡突然比麦当劳的巨无霸卖得好"。这是一种调整。她的新同事们穿着得体，非常注意自我展示（"在学术界，"她开玩笑说，"如果你把衬衫塞进裤子，人们会认为你太精致。"）；工作进展很快，项目在几周内就完成了（在芝加哥大学，你可能花十年时间在同一个项目上工作）。苏珊发现她的新世界眼花缭乱，令人兴奋。

苏珊很早就鲜活地意识到了广告界的年龄歧视。她的第一批客户有一个是护肤品牌玉兰油。她看到公司制作的第一个玉兰油广告：一位年轻女性，外表看上去还不是玉兰油的顾客，正盯着浴室镜子里的自己，她从镜子里看到一个年长的女人回头看她。"我看起来就像我妈！"这位年轻女性尖叫道。

公司制作的广告中经常没有老年人；如果有的话，他们往往被刻画成温顺的祖母和专横的牢骚汉。他们还常常被刻画成与科技脱节的人。在以老年人为主角的广告中，只有不到5%的广告显示他们在操作科技产品，即便55岁至73岁的群体中拥有智能手机的人占到70%。[23]

此外，苏珊注意到她的行业对老年人的刻画变得越来越糟糕。尽管70多岁的人是美国劳动力中增长最快的群体，但他们很少出现在刻画劳动者的广告中。相反，他们经常以接受医疗护理的身份出现。

苏珊说，在过去的十年里，"市场营销一直通过电视疯狂投放针对老年人的广告"。她认为这有点儿讽刺："毕竟，认识到他们是一个有消费能力的市场群体，可以被视为一种进步的标志。不幸的是，大部分这些广告的核心主题是，老年是一个衰弱、衰退和问题频发的时期。不是说孤独或糖尿病在晚年不存在，问题在于没有针锋相对的表达。老年人只是被这些负面信息狂轰滥炸。没有相反的一面，没有更开阔的看法，没有多维度的老龄化观点。"

苏珊将这种状况归咎于广告业，因为这些年龄刻板印象与苏珊内心深处对老龄化的多样性和优势的认识是不相符的。她在一个三代同堂的大家庭中长大，有八个兄弟姐妹，一个积极工作的妈妈，非常亲近的叔叔阿姨和爷爷奶奶，以及一个90岁还在当医生的爸爸。在芝加哥大学，苏珊跟随社会老年学的创始人伯尼斯·诺加滕（Bernice Neugarten）学习，他打破了一个又一个关于老龄化的迷思，例如，成年子女离开家的"空巢"现象，虽然在流行文化中被描绘成一种悲伤甚至是创伤性的经历，但恰恰相反，这对孩子和父母双方来说都通常是一个成长的机会。

广告反映了广告公司所雇用的创作人员的观念：各家广告公司员工的平均年龄为 38 岁。[24] 在苏珊自己的公司里，高管们经常根据员工的年轻程度来配备面向客户的团队，而年长的员工往往被排除在参与广告创意之外。在团队中没有一席之地，他们的声音被排除在外。

苏珊决定，如果她要留在广告业，她必须撼天动地，**挑战**普遍持有的观念。当她在这个竞争激烈的行业中步步高升时，她致力于重塑行业实践，以期在广告中和会议室里拥抱老龄化的多样性。

今天，苏珊是世界上最大的广告公司之一阳狮北美公司的董事长。现在她已经 70 多岁了，是公司历史上最年长和最有权力的 CEO 之一。当她悄然从内部改造广告业的时候，她也转向了非营利组织的世界，在公益界更好地重塑老龄化的道路上，受到的限制更少，盈利动机也更小。

今天，苏珊帮助运营非营利性的广告委员会，该委员会为公共利益事业制作广告，比如著名的"有牛奶吗"（Got Milk）运动。⊖她特别自豪的是她带头发起的"爱没有标签"（Love Has No Labels）运动，该运动通过展示许多不同类型的处在亲密关系中的人，来消除各种偏见。[25] 这些人有老人、年轻人、同性恋、异性恋、黑人、棕人、白人。其中一个广告在木栈道上架设了一

⊖ 1993 至 2014 年间在美国发起的一项公益广告运动，邀请各界明星拍摄公益广告来鼓励公众多喝牛奶，其广告词"有牛奶吗"深入人心，并于 2020 年重启。——译者注

块大型 X 光屏幕，不同的两人组在屏幕后面拥抱，屏幕掩盖了他们的身份，只显示着他们抱在一起的骨架。这些两人组一对接一对地显示。最后是一对老夫老妻。当他们从屏幕后面走出来时，女方宣告："爱是没有年龄限制的。"这则广告已经有超过 6000 万观众观看。

在个人层面上，苏珊一直在挑战消极的年龄刻板印象，她与自己多代同堂的亲密大家庭进行了"非刻板印象的互动"。例如最近，他们一起学习冲浪。苏珊的小孙子建议她如何将一项新技术整合到她公司的一项活动中，苏珊则指导她的小孙女如何召集董事会会议，并让小孙女来召集。

同时，苏珊告诉我，她相信变化就在眼前。"最终，那些为一个更公平的世界而奋斗着的无数投入的、健康的、快乐的、活跃的老年人将接过我们的事业。"她预期催化剂将来自她所说的"规范开创者"：他们不是传统的活动家，他们看着像一群煽风点火者，直到他们的数量越来越多，突然间，人数像雪球一样越滚越大，原本看着像噪点的东西现在正闯入主流文化。

10

社会的年龄解放：一场新的社会运动

每一个人，每一个意识到年龄歧视
并决定反击它的人，都是一个离新的现
实更近一步的人。

结束年龄歧视的集会

在最近 4 月一个气候反常的沉闷午后，我和我的两个研究生萨曼莎和艾姬坐火车到纽约，站在中央公园外拥挤且闷热的人群中。我们在那里参加了有史以来第一次反对年龄歧视的集会，其中包括所有年龄、种族和背景的人——从坐在婴儿车里的宝贝到 90 多岁的活动家。这次集会证实了在场的每个人都已经知道的事实：社会是一个相互依存的网络——影响一个群体的东西会影响所有其他群体。老年人的遭遇装在我们的脑海里，年龄歧视的不公压在我们的心头，但社会各阶层聚集在一起齐心协力抗议的欢乐场面，我是不会很快忘记的。

当天下午充满了振奋人心的演讲和呼喊。纽约市女议员陈倩雯（Margaret Chin）为老年人的权利发表了激情澎湃的辩护："我们必须改变那种将老年人视为社会负担的危险说法。我们必须扭转这一局面！"一些受到医生、房东或雇主年龄歧视的纽约人讲述了他们的故事。各种自制的标牌在我们的头顶争夺空间（我的标牌是阿尔伯特·爱因斯坦的照片，下书"你会雇用这个人吗？"）。银色警报器（Silver Sirens）的舞蹈表演令人振奋，这是一支由老年人组成的拉拉队，倡导年龄公平议题。黑人福音歌手戴安娜·所罗门-格洛弗（Diana Solomon-Glover）的咏叹调打动人心，她将民权民谣《没有人可以让我回头》的歌词改为今天的主题："年龄歧视无法让我回头/没有人可以让我回头/我要继续走下去，继续说下去/向自由之地进军。"当她唱回副歌时，全场所有人都在和她一起唱。

致力于年龄解放的灰豹团体

1970 年，一位名叫玛吉·库恩的 65 岁女性被费城一家教堂解雇，她在那里一直负责社会宣传项目，如争取增加低收入人群住房的议题。

被迫退休后，玛吉和几个朋友聚在一起，他们也因为年满 65 岁这一罪过而被迫离职。起初，他们见面是为了发牢骚，但很快发牢骚就变成了下决心。在此前的数十年里，玛吉曾投身民权运动和反越战运动，从中亲身体会到草根团体影响社会变革的力量。玛吉相信，尽管变革需要时间，但只要有足够的热情和努力，看似不可能的事情就会成为必然发生的事情。

在一年之内，玛吉和她的朋友们吸引了数千人加入他们的事业，正如她解释的那样，他们的目的是用当时激进的观念——老年实际上是一种值得庆祝的胜利，取代普遍存在的看法——老年"是一种灾难性的疾病，没有人愿意承认自己有这种疾病"。[1]

到 20 世纪 70 年代中期，玛吉的小团体发出了足够的声音，引起了全国的关注。一天晚上，一位机智的电视新闻人把他们称为"灰豹"（参照黑豹运动），这个名字就这样被大众记住了。

为了反对年龄歧视，灰豹团体喜欢通过诉讼和喧闹的街头抗议活动，用幽默来吸引关注。在团体运作的第一年，他们穿着圣诞老人的衣服，在圣诞节前一天来到一家百货公司，抗议其强制退休政策，他们举着讽刺性的标语，声称圣诞老人太老了，不能在那里工作。由于对美国医学会不关心美国老年人的健康问题感到失望，他们装扮成医生和护士，在其年会上进行了一次出诊，诊断结论是美国医学会"没有心"。[2] 他们在白宫前抗议，要求加入老龄化问题的总统会议。玛吉·库恩甚至出现在观众众多的《今夜秀》上，与主持人约翰尼·卡森谈笑风生。一夜之间，她成了一个民间英雄。[3]

到 1995 年她去世时，玛吉和灰豹团体已经帮助说服国会拒绝削减联邦医疗保险的提案，并通过法律废除了大多数行业的强制退休年龄。[4] 在这个过程中，他们证明了老年是一个自我决定和解放的时期。玛吉希望她的美国同胞明白，"我们不是温顺可爱的老人；我们必须实现变革，我们应该放手一搏"。[5]

灰豹团体由玛吉领导时留下的一个遗产是她口中的"幼崽"——她对年轻成员的亲切昵称。许多人已经在学术界和政界有了重要地位，包括老龄化政治经济学的创始学者卡罗尔·埃斯蒂斯。

当现年 66 岁的杰克·库普弗曼（Jack Kupferman）在大约十年前接手纽约的灰豹团体时，玛吉·库恩建立的这个团体正处于暂停活动的状态。杰克告诉我："这就是当有魅力的领导人去世却没有打好团队基础的情况。你不能维持住同样的关注。"他解释了在格林威治村的公寓里运作一个草根组织的挑战，没有经费，只有数十位热心志愿者的帮助。

杰克在担任纽约市老人局的律师多年后，才担任了灰豹的职务。他的整个成年生活都以这样或那样的方式在为老年人的尊严而奋斗。在他的成长过程中，他的父母在纽约州北部一个改造过的旧农舍里经营着今天被称作辅助生活设施的一家养老院。其中的居民，比如教他唱音阶的退休歌剧演员，都是他家庭的一分子。

当杰克上大学时，他知道自己很欣赏老年人，但他不确定如何将他们纳入自己的生命中。有一天，他碰巧看到白发苍苍的玛吉·库恩在电视上热情洋溢地演讲。"她就是颗炸弹。她说：'抱歉，为什么存在强制退休？'年龄歧视不仅是老年人的问题，也是一个社会公平问题。我们需要做出改变，不只是围坐在一起喊口号，而是要创造一个更好的世界。"于是杰克去了法学院。

从那以后，他在尼泊尔为老年人建立了一个识字计划，在巴基斯坦为老年女性建立了一个小额信贷基金。在国内，他促使纽约州审计长对有不良记录的养老院进行调查，并在飓风桑迪摧毁纽约市后管理一个特别工作组，以确保紧急救援会考虑纽约老年人的需求。这一努力始于他访问布鲁克林的一个疏散庇护所时看到数百名残疾老人挤在一个体育馆里。他们是被飓风摧毁的一处辅助生活设施的居民。杰克了解到，这处设施的老板甚至没有打电话询问居民的情况。庇护所没有提供肥皂或足够的食物。杰克很生气。在新冠病毒大流行开始时对老年群体的相似的忽视，再次点燃了他的怒火。

发起一场年龄解放运动

为了设想发起一场年龄解放运动的可能性，我去看了其他成功塑造美国文化规范的社会运动。例如，性少数群体运动在很短的时间内改变了大多数美国人对同性关系的态度。就在 2004 年，还有三分之二的美国人反对同性婚姻。如今，三分之二的美国人支持同性婚姻；这种支持在所有人口统计群体、所有世代、宗教和政治派别中都呈增加趋势。[6]

当我在思考社会运动的策略时，我打电话给我的父亲，一位社会学家，以收集一些洞见。在职业生涯的早期，他搬到南方帮助和支持民权运动，并在亚拉巴马州的塔斯基吉学院任教，这是一所传统黑人大学[⊖]，我和弟弟在那里度过了我们人生的最初几年。在那段时间里，他通过调查性报道和筹款为民权运动做出了贡献。

我还借鉴了我对鼓励良性变化所需最佳策略的研究结果。利用这些不同的来源，我确定了促成一场年龄解放运动并成功通向一个保护老年人权利的社会的三个阶段：集体认同、动员和抗议。（另见附录 C 中与结构性年龄歧视做斗争的具体策略。）

年龄解放运动第一阶段：集体认同

集体认同指的是，通过使集体中的成员意识到他们是年龄歧视的目标，并帮助他们看到这是由可以改变的社会力量造成的，从而建立起对一个群体的归属感。这一阶段的目标是灌输社会学家艾尔东·莫里斯（Aldon Morris）所称的"认知解放"，[7]即当人们集体决定抵制污名化时产生的效果。

⊖ 指美国历史上创建于 1964 年之前，专门服务于黑人群体的高等教育机构。美国现存 100 多所传统黑人大学，大多位于美国南部的原蓄奴州。——译者注

　　集体认同的一个核心方面涉及明确表达不满，并将这些不满与得到研究支持的证据结合起来，展示问题所造成的广泛社会损害。这是"黑人的命也是命"和"我也是"运动的一个关键组成部分，那些强有力的、往往是令人震惊的种族伤害和性侵犯的个人故事被放大，加上令人信服的统计数据使其更具冲击力，这些数据则涉及根深蒂固的普遍性问题：种族歧视和性别歧视。

　　集体认同在提高群体意识方面发挥了关键作用，引发了女性解放运动。这要从贝蒂·弗里丹 1963 年的畅销书《女性的奥秘》说起，该书基于她对参加史密斯学院毕业 15 周年聚会的老同学们的一次调查。弗里丹意识到她那一代的女性普遍不快乐，她把这种现象命名为"莫名的困惑"（the problem that has no name）[⊖]，并开始研究其背后的结构和文化基础。通过数以百计的意识提升团体，她激励女性分享她们的个人斗争故事。她们在自身广泛的经历中发现了共同点并团结起来。

　　最近，围绕年龄歧视的意识提升的团体性努力正在增加。总部设在英国的国际助老会是这种努力的一个引领者，它致力于帮助老年人挑战歧视和摆脱贫困。其反年龄歧视项目的主任耶马·斯托韦尔（Jemma Stovell）告诉我，她遇到的一个问题是，她发现许多老年人都没有听说过年龄歧视的概念。这是因为很多语言往往没有年龄歧视的说法，而且许多人并不习惯于认定对老年人的虐待是源自基于年龄的污名化。当人们终于被赋予语言来

　　⊖　指"除了洗碗、熨衣服和奖惩孩子，女人还能做'更多事情'的模糊的、莫名的愿望"（《女性的奥秘》原文）。第二次世界大战后，美国女性被鼓吹成幸福的家庭主妇，实际上她们内心很不快乐，希望更多参与外部事务。——译者注

描述正在发生的对老年人的虐待时，耶马经常会见证他们的"顿悟时刻"。一位来自吉尔吉斯斯坦的老人告诉她，曾有一群年轻人嘲笑并攻击一位在市场上卖东西的老妪。在他学到"年龄歧视"这个术语之前，他认为这种攻击只是"卑鄙的"。有了新的认识之后，他突然意识到，攻击者的动机很可能是出于年龄歧视。

在各地举办工作坊时，国际助老会在其提升世界各国意识的工具包中，使用指涉老年人的谚语来说明年龄歧视是如何在当地文化中扎根的。这些谚语包括："像椰子壳一样无用"（泰国）；"白胡子上脸，魔鬼就上身"（俄罗斯）；"旧扫帚要扔进火坑里"（德国）。

互联网促进了意识的提升。在韩国，一群反对年龄歧视的活动家推出了一张照片，照片上一个年轻人撑着一把伞，伞上贴着年轻人受到保护的许多权利。站在一旁的是一个老年人，他撑着一把只剩下骨架的光秃秃的伞，地上散落着一些纸片，上面写着老年人的许多得不到保护的权利。这张照片呈现病毒式传播；几十个国家的人们开始分享这张照片的本土版。

年龄解放运动第二阶段：动员

运动建设的下一阶段是动员，需要将团体成员聚在一起针对一系列共同的目标，包括减少污名化和不公平的待遇。今天，罗莎·帕克斯因引发蒙哥马利抵制公交车运动而闻名，这场运动推动了民权运动的发展。不那么广为人知的是，比拒绝在公交车上给白人男子让座早上 4 个月，她在高地民众学校参加了一个工作坊，这是一所位于阿巴拉契亚山脉的社会正义领导力培训学校，通过工作坊她学会把非暴力的公民不服从作为一种策略。[8] 高地民众学校的精神，正如其创始人迈尔斯·霍顿（Myles Horton）所表达的："不是作为个体，而是作为一个集体拥有很多他们需要知道的知识来解决他们的问题。"[9] 虽然他的关注点是民权和劳工问题，但这一洞见同样适用于对抗年龄歧视。

互联网也有利于动员，而且是以先前无法想象的方式。例如，"通过网络传递"（Pass It On Network）是一个老年人组织，目前以在线平台的方式在 40 个国家运行，传播有关老龄化议题的信息，包括基于年龄歧视的社会问题。

艺术是另一种可用于动员的途径。加拿大的一个团体在购物中心这样的公共场所组织了代际舞蹈快闪，参与者的年龄从 14 岁到 92 岁不等，他们慢慢地围拢起来，整齐划一地表演相同的舞蹈动作。他们的目标是团结舞者，创造一种舞蹈表演，"粉碎普遍持有的关于老龄化的刻板印象"，其中一位舞者如是说。[10] 还有巴西活动家奥古斯托·博阿尔（Augusto Boal）开创的被压迫者剧场，让观众成为演员，观众先是目睹关于偏见的表演实例，接着在舞台上参与解决偏见。在一出名为《推诿》（*The Runaround*）的表演中，观众看到一个年长的角色被保险公司以年龄太大为由拒绝报销紧急牙科治疗费用，然后观众被鼓励质疑卫生保健系统中的年龄不公。[11]

讽刺可以是另一种动员人们的有效方式。在我个人最喜欢的《格列佛游记》中，乔纳森·斯威夫特讽刺了英国社会的许多方面，包括年龄歧视：他创造了一个居住着虚构的斯特勒布勒格人的土地，这些人永远不会死，但他们在年满 80 岁时会被剥夺权利、财产和尊严。尽管斯威夫特的《格列佛游记》写于300年前，但当我每年和学生一起读这本书时，我总是被它的主旨在今天所产生的回响震惊。

还有一个更近的年龄歧视讽刺的例子来自电影界。在一部短剧中，当时30多岁的喜剧演员艾米·舒默无意中进入了茱莉亚·路易斯－德瑞弗斯举办的户外派对，后者50多岁，正在庆祝她乘船出海前的最后一天性欲体验。[12]正如她向艾米解释的："在每个女演员的生命中，媒体决定你到了什么年纪演有性欲的角色就不再令人信服了。"惊讶之余，艾米问道："你怎么知道？谁告诉你的？"蒂娜·菲插话说："没有人真的会公然告诉你，但会有一些迹象。"茱莉亚继续说，你去一个电影片场，打开衣柜，他们唯一能让你穿的就是长毛衣，把你从头到脚都盖住。在五分钟的短剧中，这些女演员试着在应对好莱坞、时尚界和我们文化中倾向于无视老年人的性欲的年龄歧视问题。它在网上被观看了近700万次。

年龄解放运动第三阶段：抗议

抗议是任何有效的社会运动的最后一步，运动的参与者将他们的能量指向他们被边缘化的结构性来源，以引发社会变革。

一个成功的年龄解放运动可以得到老年选民的强大力量的支持。除了在美国人口中占有越来越大的比例，老年人的投票率也是有史以来最高的。[13]

利用这种政治影响力，一场年龄解放运动可以要求政府支持开展反对年龄歧视的公众宣传运动。它可以效仿反吸烟运动采取的模式，该运动取得了相当大的成功，不仅在它的发源地美国，而且在从荷兰到新西兰等国家。[14] 正如反吸烟运动的核心是"吸烟有害健康"，公众宣传运动可以用**"年龄歧视有害健康"**作为警示。运动可以阐明年龄歧视对一系列认知和生理功能的有害影响，正如我的团队的研究结论给出的。运动还可以使用广泛的渠道，包括社交媒体、电视和平面媒体。

年龄解放运动也可以在私营部门发挥其力量。在美国，大部分的消费支出来自 50 岁以上的人口，这一趋势正在向全世界蔓延。[15] 例如，在英国，2018 年有 54% 的消费支出来自 50 岁以上的人口，预计 2040 年这一数字将上升到 63%。[16]

合适的靶子有很多选择，但鉴于广告业向传统媒体和社交媒体做了大量投放，它才是年龄歧视的最大推手。因此，具体的目标应该是终止广告业对老年人的贬低性呈现，并要求纳入老年人的积极和多元的形象。

抗议的其他目标可以是电视和社交媒体。电视有两方面的问题：广告本身往往带有年龄歧视，而且节目中的角色往往是基于消极的年龄刻板印象。[17] 社交媒体网站，正如我们的研究表明，提供了另一个贬低老年人的平台。[18]

解决这个问题的第一步是与广告商讨论助长消极年龄观念的做法对健康造成的恶果。如果这些讨论不能带来改变，那么接下来就可以抵制相关的媒体平台和在上面做广告的公司。

2020 年 7 月，超过 1000 家公司加入了"停止靠仇恨牟利"

（Stop Hate for Profit）运动，威胁要抵制Facebook，除非这家社交媒体巨头停止传播关于从种族歧视到选民的假消息等各种仇恨或危险话题的帖子。许多名人，如凯蒂·佩里和萨沙·拜伦·科恩，都支持抵制运动。该运动取得了一些成功：Facebook宣布成立一个团队来研究并防止算法带来的种族偏见。[19] 然而，这些诉求完全没有涉及年龄歧视，这再次说明老年人需要有自己的社会运动。

在国际层面，年龄解放运动可以重振一个有价值的联合国倡议：订立"促进和保护老年人权利和尊严的法律文书"，其中包括与年龄歧视做斗争。不幸的是，联合国大多数会员国都拒绝了这个倡议。[20]

几年前，我参加了一个由193个联合国会员国组成的工作组，讨论这项关于老年人权利的公约以及如何赋予其执行能力，我听到了在场的老年人对于需要紧急救济的慷慨陈词。我了解到，在低收入和中等收入国家，60%的老年人报告他们因为年龄原因无法获得所需的卫生保健；在一项对133个国家的调查中，只有41个国家有防止暴力、虐待和忽视老年人的国家法律。我还听发言者描述了在包括美国在内的许多国家，随着年龄的增长，有更多的人不得不在购买药物还是食物之间做选择：在美国老年人中，65～69岁的贫困率为7.9%，70～74岁的贫困率为8.6%，75～79岁的贫困率为9.5%，80岁及以上则为11.6%。[21]

尽管如此，美国代表团还是拒绝批准联合国公约。午餐时，我设法让自己坐在代表美国的外交官旁边，向她确认自己是否正确理解了她的发言。事实证明，我没听错。她一边啃着烤土豆，一边重申，在她代表的官方眼中，这份保护老年人的公约是没有必要的，因为其内容已经被更早的残疾人权利公约所涵盖。我目瞪口呆。将老年人的权利并入残疾人的权利中是荒谬的，拒绝接受触目惊心的国际和国内数据同样荒谬。虽然保护有残疾的老年人非常重要，但保护全体老年人的权利也同样重要。

代际联盟

任何有效的年龄解放运动都必须由那些受年龄歧视影响最大的人群来领导，也就是老年人自己。残疾人权利运动以其口号"没有我们的参与，就不要做关于我们的决定"而闻名，这句口号不仅抓住了残疾人想要推翻被边缘化这一现状的愿望，而且还强调了自我决定的必要性。[22]

同时，一场理想的年龄解放运动应该是代际的。年轻人往往意识不到自己对老年人的歧视，他们可能不会将其视为一个迫在眉睫的问题。但动员过程应该让年轻人相信，年龄歧视的受害者不仅仅是他们的父母或祖辈，还有未来的自己。此外，年轻人已经越来越意识到社会正义的重要性。许多人参与了将不同年龄的人聚集在一起的运动，如关注气候变化的"日出"运动。这些背景让年轻人成为模范性潜在盟友。

代际联盟的一个优点是，年轻人可以为找准年龄歧视需要解决的领域贡献一个有用的视角。拉凯拉·费斯特（Rachella Ferst）就属于这种情况，她是杰克·库普弗曼在某年夏天为灰豹团体招募的一个大学实习生。拉凯拉在新加坡长大，之后来美国上高中，她惊愕地发现许多人以负面的方式谈论老年人。她想知道这是不是由于美国老年人被排除在课程大纲之外造成的。

拉凯拉将她投身老年人公平运动归功于自己在祖母身边长大（新加坡家庭通常是三代同堂），以及她的国家的课程大纲，课纲以一种有意义的方式将老年人融入其中。从 13 岁到 16 岁，她的班级会定期拜访住在附近的老年人，作为一个了解历史的机会，并与老年人群练习不同的语言。大多数年轻的新加坡人以英语为第一语言，而在学校学习马来语、汉语或泰米尔语，这些恰好是新加坡老年人的第一语言。此外，拉凯拉的学校鼓励学生与老年人交谈，了解他们对历史事件的看法。在结束灰豹的暑期实习后，她希望开发整合老年人需求和经验的教学内容及政策。

一个代际的年龄解放运动将使年轻人和老年人都受益。21 岁的科尔盖特大学橄榄球运动员奎因，在进灰豹实习之前，从未听说过年龄歧视。但他看中了实习生招募文案中参加联合国会议的这项福利，于是他抓住了机会。他从实习中收获的不仅仅是与外交官交谈，更是一种全新的意识。

到夏天结束时，奎因注意到年龄歧视无处不在。他意识到，这就是他的祖父，劲量电池公司的一名工程师，在被告知公司需要新点子后遭到解雇的原因。奎因解释说，灰豹团体帮助他认识到这种解雇是年龄歧视，毕竟所有年龄的人都可以产生新点子。他也意识到了当祖父母或父母有技术问题向他求助时，自己表现出的年龄歧视：他会为他们解决问题，而不是像对待遇到问题的同学那样教他们如何做，因为他认为他们在技术上一窍不通。能意识到他们并非如此，看似微不足道，实则意义深远。现在，他想追随杰克的脚步，成为一名全职的年龄解放活动家。

杰克对灰豹实习项目及更具普遍性的动员的目标，是将各代人连结在一起，"那就会越来越了解我们实际上是谁，而不是关于我们是谁的刻板印象"。

文化的重新定义：美丽的老龄化

一个成功的年龄解放运动可能会产生一种氛围，不仅有利于它所针对的体制，也有利于参加运动的成员重新看待自己。因为它会让成员产生更大的自我价值感，而这反过来又可以促进文化上的重新定义，也就是一种框定老龄化的新方式。这种重新定义会把年龄认同中被社会赋予贬义的方面转变成骄傲的，甚至带有挑衅的特质。

文化上的重新定义对老年人来说特别重要，因为他们并不是终身属于某个被边缘化的群体，这样的群体往往已经发展出了从心理上保护其成员免受消极刻板印象的全面影响的方法。那些正在步入老年的人通常不得不自己来发展这种保护方法。文化上的重新定义提供了一种通过调动群体的支持来改写年龄指令的方法。

我们看到过文化上的重新定义，如民权运动中的"黑色是美丽的"口号，同性恋权利运动对以前被污名化的"酷儿"一词的主张。对年龄解放运动的一种类似的重新定义可以聚焦于皱纹及其对社会的含义，还有那些有皱纹的人。正如45岁的女演员瑞茜·威瑟斯彭在一次采访中解释的，皱纹不仅仅是自然形成的，它们更是来之不易的："我有一大堆经历，我可以深思熟虑地谈论我希望看到的世界变化。我就觉得这些白发和细纹是我辛苦挣来的。" 23

我的朋友斯泰茜·戈登（Stacey Gordon）40多岁时，在意识到自己"不再是一个年轻的社会工作者，一个年轻的教师，一个年轻的母亲，一个年轻人。我是一个中年人。我开始进入一个艰难的时期。你知道，我的头发正在变白，小皱纹正在全身蔓延，我开始感到被忽视，就像很多女性一样"之后，创办了一个名为"皱纹计划"（Wrinkle Project）的非营利组织。大约在同一时期，她从她的社会工作实践中意识到，社会上的年龄歧视甚至渗入了家庭事务："我的工作中有很多时候是成年子女告诉我，'我的父母需要做这个做那个'，他们并没有考虑过老年人的意见。"

因此，斯泰茜提出了"皱纹沙龙"的想法，让人们聚在一起，分享他们变老的体验。沙龙不仅仅是关于皱纹的。斯泰茜选择这个名字是因为它的象征意义，以帮助从数十亿美元的抗衰老产业中夺回皱纹，该产业通过旨在灌输对这些身体衰老迹象的恐惧的广告宣传获得了可观的利润。她最近告诉我："对皱纹的恐惧使我们不能很好地老龄化，不能在变老过程中真正成为完整、真实的自我。我们有了皱纹，然后我们会想，'哦，我们正在变老'，这就是你的研究揭示的开头——变老会引发我们内在的年龄歧视，除非我们找到方法来预防这种情况。"

当斯泰茜最近邀请我帮助她主持第一场皱纹沙龙时，我感到非常高兴。

起初，斯泰茜打算只邀请中年人，因为他们正在向老年过渡，可能特别善于反思，并对新的思维方式持开放态度。我建议也邀请老年人，因为我的研究发现，当老龄化变得与自我相关时（意思是，当我们身处这种状态中时），同样是产生新观点和连结的好时机。我们一致认为，把几代人混合在一起，会激起跨代的思想交流。

因此，我们组织了一个由 11 位年龄在 45 岁至 95 岁之间的女性组成的多样性小组，举行了 3 场 90 分钟的沙龙。[24] 在相隔一周的前两场沙龙上，涌现出了几个主题。第一个主题是，老龄化常常是"房间里的大象"——一个几乎总是存在于我们脑海中却从未讨论过的大话题。第二个主题是大多数参与者经历过的猖獗的年龄歧视。他们谈到自己在工作场所和医生诊室里被非人化地对待，宛如"一只恐龙"或"一辆没人要的废旧汽车"。

我们提炼出的第三个主题是如何反对年龄歧视，并欣赏老龄化的许多裨益。例如，59 岁的艾莉森提到，虽然她经常感到由于自己是医院里最年长的护士而被同事嫌弃，但她也意识到自己很享受变老的过程。"我感觉非常好。我养育了我的孩子，享受了我的职业，为我关心的事业做出了贡献，而且我为人生的下一阶段设定了许多目标。我觉得我有很多经验可以利用。我见证过；我实践过；我经历过。现在我可以帮助其他正在经历这些的人。"

罗娜是一位 64 岁的诗人，她说她有时会发现自己针对老龄化问题进行"仇恨谈话"，包括对自己的皱纹感到羞耻。为了解决这个问题，她决定尝试一种新的技巧：想象一位明智的长者会对她的这种谈话说些什么。"她可能会说，'这样做没有任何意义。你不需要仅仅因为你的年龄而对某些事情感到焦虑。不年轻并不意味着你比别人差。皱纹可以显示出经验和美'。"

罗娜还说，她在小组中享受到的对老龄化的肯定，向她指示了一种伴随着老龄化而来的语言转变。她邀请其他的沙龙参与者，"我们不妨把'我看起来如何'这句话的含义从担心我们在别人面前的表现转变到'我如何看'这层含义上，把老龄化作为一个有目的地向外凝视自然之美和世界上更大的议题的时期"。

在第三场也是最后一场沙龙上，大家逐一讨论前两场沙龙是否改变了她们对老龄化的看法。一位名叫薇罗妮卡的68岁的治疗师说，她觉得皱纹沙龙改变了她的思维。她一直在"梦游般地穿过年龄歧视问题，因为它们只是我生活的一部分。然后我有了这个空间来讨论、反思和思考，现在我清醒了，感觉更有意识了。我刚刚开始注意到我是如何被对待的。注意到这一点可以作为一种缓冲，在某种程度上是一种保护"。她解释，为了消除内化的年龄歧视的影响，"我们必须通过与老年人互动，感受他们的活力，他们的好奇心，他们的潜能，来有意识地让自己接触不同于以往的叙事。于是我寻找智妪来交谈，幸运的是，我们这个小组里就有一些"！

皱纹沙龙里年轻点儿的成员描述了她们感受到的压力，即要看起来更年轻，避免告诉别人她们的年龄，而我们小组中最年长的朱丽叶，一位95岁的退休校长，说她现在会有意地告诉别人她的年龄，特别是当她在交谈中提出了有帮助的意见时。她解释道，这是一种提升她老年身份的方式："'我很聪明。不要小看我。'我不想成为隐形人，所以这样做让我非常显眼。"她还指出："我现在比以往任何时候都更能接受自己的身体。"

夺回皱纹是通过重新定义老龄化来反击年龄歧视的一种方式。正如活动家兼学者伊布拉姆·肯迪（Ibram Kendi）写道："成为一名反种族歧视者就是要建立并生活在一种强调而不是抹杀我们自然美的审美文化中。"[25] 对于反年龄歧视也是如此。我们不需要用"抗衰老"面霜贬低老龄化，而是需要转向一种强调所有年龄段的自然美的文化。

67 岁的乔安尼·约翰逊（JoAni Johnson）有着一头及腰的白发（《卫报》记者称之为"月光色的瀑布"），[26] 她是一位年龄解放活动家，最近被歌手蕾哈娜聘请为其新品牌芬缇（Fenty）的代言人（与法国时尚品牌路易威登合作）——考虑到 *ELLE* 杂志上的模特只有 3% 超过 40 岁，这无疑是一个大胆之举。[27] 约翰逊在决定自己已经准备好做一些新的事情之后，从 64 岁起开始做模特："我不认为我所做的是通常的模特生涯，身高 1.6 米、种族黑人、年龄 67 岁的我不是通常定义的典型模特。"她把这一切归功于她 90 岁的母亲，一个移民到美国的牙买加人，让她看到了美在整个生命中以多种形式存在。[28] 更重要的是，约翰逊珍视老龄化给她带来的裨益。"变老给了我经验，我知道自己挺过了许多至暗时刻，比如我丈夫的死亡，这让我有信心面对接下来的任何事情。"

文化上的重新定义可以促进一个良性循环。随着个人对自己作为老年人的价值感有了更多的认可，他们更有可能参与到年龄解放运动中来，而该运动也势必进一步提升他们作为老年人的价值感。

年龄解放的临界点

年龄解放运动是一个理想，但它并不是一个乌托邦之梦。世界卫生组织在 194 个国家的参与下，最近发起了其首场与年龄歧视做斗争的运动。（我很荣幸担任这场运动的科学顾问。[29]）在美国，国立卫生研究院正在实施一项新政策，以增加临床试验中老年受试者的数量。此外，美国心理学协会、美国老年学学会和国际助老会已经开始对年龄歧视的危害发出紧急警告。纽约市的灰豹成员继续寻找着创造性的方式来对抗年龄歧视。

这些有组织地抵制年龄歧视的零星例子为运动埋下了种子。80 岁的南非主教德斯蒙德·图图（Desmond Tutu）指出："在你所处的地方做一点儿善事；正是这些星星点点的善事合在一起，才改变了整个世界。"

传统思维认为，需要多数人，至少 51% 的人口，才能发起社会变革。但宾夕法尼亚大学的达蒙·森托拉（Damon Centola）及其团队进行的耐人寻味的新研究表明，只要有 25% 的人口决定是时候改变了，社会临界点就会出现。[30] 换句话说，一群有决心的少数派可以做到以弱胜强。这与研究工作场所的性别歧视的结果相吻合：哈佛商学院的罗莎贝斯·莫斯·坎特（Rosabeth

Moss Kanter）指出，如果一小部分坚定的女性推动办公室规范的改变，她们就可以成功地改变整个办公室文化。

现在，考虑一下世界上有 24% 的人口年龄超过 50 岁。[31]（尽管这个年龄段不是每个人都把与年龄歧视做斗争视为美德，但这是年龄解放公共意识运动的目标。）或许这些人成功地动员全社会反对年龄歧视所需的只是再有 1% 的人口加入他们，以达到森托拉确定的实现社会变革所需的 25% 这一比例。这将是一个临界点。在对这一现象的研究中，研究者发现，只要多一个人加入积极活动的少数派，他们的努力就会从完全失败（在已经下决心的少数派之外再没有人倒戈）转变为完全成功（整个群体都倒向新主张）。推而广之，一场看似失败的运动实际上可能正站在成功的边缘。这意味着每一个人，每一个意识到年龄歧视并决定反击它的人，都是一个离新的现实更近一步的人。

这就是我在参加完第一次反年龄歧视集会回家路上的所思所想。这场运动的开局展现了非常大的潜能——它唯一需要的是助推，是大众支持的高涨。

集会进行到一半时，台上的一位组织者注意到我站在人群中，并大声冲我喊。她告诉大家，我的研究是这次活动的一个灵感来源。突然间，所有的脑袋都转向我所在的位置。我挥了挥手，露出一个尴尬但不失自豪的笑容。那天晚上，我心情惊愕地坐火车回到纽黑文：长期以来我觉得是少数人在艰苦斗争的一件事情，实际上可能是许多人参加的一场慷慨激昂的运动的肇始。

后 记

一个没有年龄歧视的城市

有时你梦想的东西就在你家后院。事实证明，我不必大老远跑到日本或津巴布韦去寻找一个蓬勃发展的有着积极年龄观念的文化。

不久前的一个夏日，我和家人在格林斯伯勒的一个小镇停留，小镇位于东北王国深处，是佛蒙特州一个偏远的丘陵角落，与加拿大交界。你可能还记得这个小城是南希·里格建造迷宫的地方。我期待看到青山山脉的壮丽景色与满是鳟鱼和潜鸟的原始湖泊，而且我最近了解到我最喜欢的一种奶酪（哈比森，一种用云杉树皮包裹的可口但气味刺鼻的奶酪）是在格林斯伯勒的一个农场里制作的。鉴于我对奶酪的喜爱，这个湖边村镇又位于前往我父母家的途中，我们决定下午去看看。

没想到的是，我发现了一个不存在年龄歧视的地方。

我们在中午时分到达了这个离任何高速公路都有几公里远的小镇，这里没有红绿灯，一条主要街道沿着卡斯皮安湖蜿蜒向前。[1]我们停在镇上的综合商店喝咖啡和吃三明治，这里同时是当地的美食店、加油站、五金店、咖啡店和市镇广场（葡萄酒、枫糖浆、钉子和靴子都摆在同一个货架上）。

当我们坐在门廊边喝咖啡时，我与一位女士攀谈起来，她刚把一袋沉甸甸的肥料吊到她的卡车上，正在喝着柠檬汽水。她以佛蒙特州小镇的方式展示着没有戒备的友好，在我们聊天的过程中，我发现自己也具备这些品质。当我告诉她我以研究老龄化为生时，这位名叫卡罗尔·费尔班克（Carol Fairbank）的女士告诉我，我可来对地方了。

卡罗尔是一个笑盈盈的黑发白人，一个年近五十的平面设计师，几年前从马萨诸塞州的一个大城市搬到格林斯伯勒郊区的一个小农场。我问她为什么搬家，她说是为了她酷爱的滑雪：一年中有四个月，这个地区是高山滑雪和越野滑雪者的天堂。当她在晴朗的冬季早晨去滑雪时，"山坡上的人几乎都是白头发。他们在山坡上飞驰，乐此不疲"。她之所以决定搬家，还因为在第一次到访时，她就意识到格林斯伯勒是她想要安享晚年的地方。

她在格林斯伯勒结识的很多朋友都是老年人，他们中的很多人都很活跃和独立，冬天穿雪鞋健行，春天自己堆柴火，夏天和秋天做园艺。卡罗尔描述了他们是如何互相照顾的：那些独自住在大房子里的人常常把房子分成几个房间和单元（在当地一个改造住房以便老年人融入社区的组织的帮助下），然后把它们租给别人，包括老年人和年轻人。老人们愿意的话可以在家里养老，也可以搬进集体住房。对于那些在经济上有困难的老年人，小镇尽其所能提供免费膳食和负担得起的住房。全年提供的大部分艺术课程和文化节目都是免费的或者有补贴，因此所有人都可以参加。冬天会很冷，但是，卡罗尔一边在 32 摄氏度的高温下把冰柠檬汽水捂在额头上，一边不无怀念地说："有滑雪，有溜冰，有热可可，有热汤，还有每个人都在一起的感觉。"

在综合商店对面的街道上，三位老妪正在一座谷仓的外墙上悬挂一条巨大的横幅。其中两位站在梯子上，第三位戴着太阳帽在地面上指挥她们，通过测量仪目镜向上端详，以确保横幅挂直了。"高一点儿！"她喊道，"左边再高一点儿！"横幅上印着："百岁快乐，贝丝！"

卡罗尔笑了笑，接着告诉我镇上最热门的俱乐部之一：格林斯伯勒女士散步协会，有近百名成员，几乎都是 70 岁及以上的人，她们每周有三个早晨聚在一起散步并社交。其中一个成员刚满 100 岁，她的朋友们正把横幅挂在她散步时经过会看到的地方。

"男人不被邀请吗？"我丈夫问。

"他们可以加入，但这个俱乐部主要是针对女性的。不过他们也不太可能嫉妒，"卡罗尔说，"因为他们有自己的组织。"ROMEO（英语"退休老叟外出聚餐"的首字母缩写）的成员每周会聚一次，在湖边的旅馆吃午饭。即使你没有正式退休，也可以加入。数十年前，在格林斯伯勒有房子的威廉·伦奎斯特要求加入，即便他当时正担任美国最高法院的首席大法官。他们让他加入了。

卡罗尔在乡村 ARTS（英语"艺术、娱乐、技术和可持续发展"的首字母缩写）合作组织开展项目，将居民聚在一起上课和活动。通常他们会吸引各年龄段的热情参与者，从 4 岁到 104 岁不等。其目的是鼓励创造力，并促进小镇成员之间的连结，否则他们可能不会有机会成为朋友。我后来了解到，乡村 ARTS 已经成为该地区促进代际活动的典范项目。例如，在冬天，有"汤 + 可持续发展"之夜，人们聚在一起喝汤，观看并讨论一部关于环境问题的电影，通常由一位居民专家（通常是老年人，有时是青少年）主持。

卡罗尔在乡村 ARTS 的工作之一是监管一个名为火花的工作空间。她告诉我："这个空间是在一座教堂的地下室里运行，但它不是用来玩宾果游戏和培训通心粉手艺的。它非常高科技，包含 3D 打印机、大幅面打印机、扫描仪、激光切割机。"这个空间旨在激发所有年龄段的人的创造力。"你走进那里，它把一些刻板印象都给推倒了。有一些老年人开启了网页设计业务，为当地的游行活动印刷巨大的横幅，或者只是在捣鼓电脑和搞艺术。"

这时，一直在指导悬挂生日横幅的那位老妪走了过来，吃着一个冰淇淋甜筒。她无意中听到我们谈论 ARTS 中心，就来给我们分享："我一直用它来为历史学会打印材料。那些打印机速度很快，让我告诉你：每分钟打印二三十页。"她介绍自己叫南希·希尔（Nancy Hill），是格林斯伯勒历史学会的联席会长。南希解释，作为一个刚满 86 岁的老人，她也决定在格林斯伯勒安享晚年。她是这里的第四代居民，在法国和泰国工作多年后，又重新回到了这个小镇生活。

当南希得知我正在写一本关于老龄化的书时，她还告诉我格林斯伯勒是一个完美的地方。她解释说，格林斯伯勒看起来不像美国也不像世界上的大部分地区。它的人口要老得多：40%的成年居民都在50岁以上，格林斯伯勒的年龄中位数是52岁，而世界其他地区的年龄中位数是30岁。这些老年人口之间以及老年人与年轻人之间的相互连结非常紧密。例如，有许多代际的读书和写作小组。她补充道："我们的小镇充满了读者和作家。"在图书馆委员会任职时，南希帮助设立了一个书架，聚焦已出版作品的格林斯伯勒作家。"我们以为我们可能会有10到20位作家。实际上我们发现已经有超过150位！"她开始列举一些比较有名的作家，有获得普利策奖的小说家华莱士·斯特格纳，亚裔美国小说家任璧莲，以及人类学家玛格丽特·米德（研究太平洋地区的亲老年人文化）。

"但他们都不如著名的格林斯伯勒女士散步协会有名。"卡罗尔打趣补充道。南希笑了起来。几年前，在回到格林斯伯勒后，南希开始和几个朋友在小镇的一头进行晨练，而另一小撮朋友则开始在小镇的另一头散步。有一天，这两个团体碰到了一起，决定连结起来，从那时起，女士散步协会就像滚雪球一样不断壮大。

南希解释："这个协会既是为了社交，也是为了散步。"协会成员在东北王国各地散步，还一起旅行，目的地分布广泛，从南塔克特岛到荷兰。"积极活动很重要，但协会不仅仅是这样。它是关于……"南希停顿了一下，试图想出一个完美的词，"关于投入其中。是的，这是一个很好的词来描述这里的人们的情况。"

午餐后，我和家人在镇上走了一圈，享受着夏天新鲜的草地气息，青翠的田野，还有遍布隔板农舍的静谧乡村小道。这片刻的宁静突然被打破了，一高一矮两个小丑从一个大的红色谷仓里跑了出来，接着一个杂技演员从屋顶上跳了下来。我惊讶地多看了一眼。

我们和那个小个子小丑——一个名叫迈克的十几岁男孩聊了起来。他告诉我们，这里是斯米尔库斯马戏团所在地，它是美国唯一的青少年巡回马戏团。青少年们从世界各地来到格林斯伯勒进行训练，然后进行表演。我们站在那里，以一种近乎惊奇的眼光看着这些杂技演员。在佛蒙特州这个偏远的角落里，人们完全无视地心引力，在空中跳跃和飞行，这实在是一幅令人惊叹的景象。其中一个杂技演员是一个教练，有着一头白发。另一位则用俄语大喊。迈克解释，这是他在斯米尔库斯的第二个夏天，每个夏天都有不同的主题。这个夏天的主题是"飞行的发明"。他告诉我，除了马戏团工作人员中的老年人外，老年人还通过一夜又一夜地参加演出和大量捐款来大力支持马戏团，这使得马戏团能够为那些无力参加演出的人提供奖学金。

我们继续走着，注意到许多车库和库房门上钉着夏季室内乐系列演出的横幅和传单。一周之内，一个弦乐四重奏乐团将从纽约过来，而到了月底，一位年长的大提琴家将从洛杉矶飞来。一个在院子里喂鸡的男士看到我们眯着眼睛看钉在他库房上的传单，向我们挥了挥手。他走过来问我们是不是夏日人。

"其实我们是下午人，"我告诉他，"刚好路过。"我补充说，我们是偶然发现了这个小镇，鉴于我写书的主题，我对这里很感兴趣，因为它看上去像是老年人的港湾。哈罗德笑了笑，点了点头，说他很乐意举例说明情况。不过，首先，他问我的女儿们是否想喂他养的母鸡。

当我的女儿们在鸡舍周围抛撒谷物时，我与81岁的哈罗德·格雷（Harold Gray）喝着自制的柠檬汽水展开了交流（在格林斯伯勒，似乎每个人都很爱喝柠檬汽水）。他曾在喀麦隆为和平队工作过几年，后来在华盛顿特区的美国国际开发署工作，几年前退休后来到格林斯伯勒，在这里他找到了一个新职业，为当地报纸写文章和拍照片。他喜欢这个地方的原因是它令人难以置信的社区感和老年人有许多机会参与各种有意义的活动。

哈罗德属于两个以传说中的ROMEO为榜样的社会团体。第一个团体每周一起吃早餐，与当地现任官员和希望从政的人讨论政治。（这些在职和有政治抱负的人也与格林斯伯勒女士散步协会会面。）哈罗德的另一个团体每周聚会，共进午餐并思考生命中的大问题。最近的话题包括星际空间旅行的未来（该团体包括一名退休的宇航员和一名行星科学家）以及诸如"讽刺可以遗传吗？"这样的问题。

哈罗德给我看了一张午餐团体的照片：一群微笑的男人围坐在一张桌子旁。他开始辨认他们："那个是土木工程师；那个人曾经是牧师；那个是退休的科学教师；那个是写美国革命论著的教授。"他指出，其中一个叫蒂姆的人经营着镇上唯一的车库，并经常被选为格林斯伯勒镇会议的主持人。"他能够以一种深思熟虑的方式把各个世代的声音都囊括进来。他属于在村镇里广受大家尊重的那种人。"

让我振奋的是，哈罗德的两个团体是为了促进"友谊"而组织起来的，他在描述这两个团体时一再提到这个词。因为在美国，老年男性比年轻男性或老年女性更容易遭受社会孤立，感到孤独。[2] 相比之下，哈罗德描述了一个社区，人与人的连结看上去在他的同龄人中继续存在，甚至还增强了。

哈罗德问我丈夫和我是否读过华莱士·斯特格纳的《安宁之路》。我们没有。他告诉我们，这本书讲的是斯特格纳每年夏天逃到格林斯伯勒的故事，书名源自罗伯特·弗罗斯特的一首诗，其中写着"穿越到一个更好的地方，一个更宁静、让人情绪更稳定的地方"。

然后他分享了他关于格林斯伯勒的理论，这里的人口在夏天会从 700 人涨到 2000 多人。"人们在这里度过他们的夏天，然后有些人会退休后来到这里，这使得格林斯伯勒与其他很多地方不同，其居民的大家庭往往生活在美国的其他地方。因此，人们比往常更依赖于他们的友谊，并从他们在格林斯伯勒的朋友和邻居那里建立了像是第二个大家庭。"

这可能有助于解释为什么哈罗德积极参与政治活动和新闻工作，还为有需要的老年人送免费餐食，并积极参加公共图书馆的理事会。他的妻子为当地孩子做家教，在大自然保护协会帮忙，并且是格林斯伯勒女士散步协会的荣誉成员。我想起了我在综合商店遇到的老妪南希·希尔告诉我的：格林斯伯勒的老年人都很投入。

哈罗德告诉我们，如果不在卡斯皮安湖里泡一泡就离开这里，实在太可惜。于是我们在上路之前去游了个泳。当我们顶着七月的烈日在沙滩上擦干身体时，我开始和另一位当地人聊天，一个名叫凯瑟琳·洛温斯基（Kathryn Lovinsky）的年轻女子，她也带着两岁的双胞胎儿子出来游泳。

凯瑟琳是乡村 ARTS（卡罗尔·费尔班克工作的地方）的负责人。她在附近长大，在华盛顿特区上的大学，之后又在那里住了几年，然后和家人搬了回来。她似乎并不特别热衷于华盛顿特区："每个人都是相当孤立的。他们夏天会独自在有空调的公寓里看电视。而在格林斯伯勒，人们在户外和大家共度夏天。"她告诉我，她 70 多岁的父母在镇上管理着一栋经济适用公寓楼，将其出租给储蓄有限的老年人，他们同时还拥有并经营着一家生产可持续包装材料的当地企业。除此之外，他们还经营着一个 32 公顷的农场，养着奶牛、山羊和鸡。而且她的妈妈经常照看她的儿子们，这对参与其中的每个人来说都是一种享受，"包括我，"她笑着说，"这样我就可以得到一些休息时间！"她说这种情况在当地非常典型：老年人保持忙碌，饲养动物或种植蔬菜，并花大量时间参与社区活动，与儿童和年轻人互动。

这个地方显然存在一些特别之处。这就是人们不断搬来这里的原因。而这些移居者的一个共同点是，他们似乎对自己想要的生活和老去的方式都非常明确。

"叫上朱迪吧。"凯瑟琳指着一位老妪说，那位老妪刚刚在沙滩的另一头铺开她的浴巾，拿着一份报纸和一瓶气泡水坐下来。朱迪曾是一名活跃的房地产经纪人，已经 80 多岁了。她种植蔬菜，每年都在社区展览中展出她的画作。凯瑟琳告诉我，朱迪也是社区的支柱，参与的委员会和组织比她能说出名字的还要多。她开始列举名单，这时朱迪感觉到自己是被讨论的对象，就朝我们的方向看了看并挥手。凯瑟琳也挥了挥手。

我们走了过去。凯瑟琳告诉朱迪，我对格林斯伯勒很好奇。"嗯，格林斯伯勒是个好地方。"她说，看着真像个房地产经纪人。我告诉她，听到老年人如何投入小镇的管理和社区生活，让我感到很振奋。那天早上，我读到了纽约州和波兰如何因年龄而迫使老年法官离开法官席的可怕故事，与格林斯伯勒的风气截然相反。

当我问朱迪格林斯伯勒的老年居民是什么情况时，她提到了在整个小镇蓬勃发展的促进积极年龄观念的基础设施和项目。"这是一个先有鸡还是先有蛋的问题，"凯瑟琳认为，"很难说哪个先出现，是积极的年龄观念还是积极的年龄文化。"

朱迪坐在她的大号蓝色沙滩浴巾上，遮住直抵眼睛的阳光，给了我一个小小的微笑。"不管怎样，我喜欢这里，"她说，"我想你也是如此。"她还说，如果我有兴趣，市场上有几处可爱的房子。

我必须承认，我考虑了一会儿这个提议。

凯瑟琳用鸡还是蛋的比喻来说明积极的年龄观念和格林斯伯勒的年龄解放文化孰因孰果，她是对的。两者很可能是同时产生的，而且是相互支持的。

我在那里的所见所闻就是一个生动的证明，当老年人和他们周围的社会以一种富有成效的方式和谐相处时会发生什么。华莱士·斯特格纳 81 岁时，在他为格林斯伯勒历史撰写的前言中描述了这种和谐。"我在缺失历史的情况下长大，没有任何归属感，非常去社会化，以至于我当时不知道，现在仍然不知道我三个祖辈的名字。……而格林斯伯勒有我所缺失和想要的东西：永恒、安宁、对传统和习惯的接受、睦邻友好的社会秩序。"³

格林斯伯勒可以作为那些没有福气入住的老年人的一个目标。这个目标会启动他们个人的年龄解放，这将有助于其周围的年龄歧视社会的解放，进而促进社会中其他人的年龄解放。

格林斯伯勒展示了我在写作这本书的过程中逐渐意识到的另一个真理。作为一个科学家，我曾经认为理解世界的最佳方式是通过优雅的图表或强大的统计检验。但是在格林斯伯勒，就像在我到访之前的那几个月一样，当我遇到并采访了许多鼓舞人心的老年人时，我清楚地认识到，虽然科学帮助我们发现世界是如何运作的，但故事才是我们理解世界的方式。人类学家玛丽·凯瑟琳·贝特森写道："人类在隐喻中思考，通过故事来学习。"

我在写这本书时了解到的故事包括格林斯伯勒居民的故事，以及田中力子和其他超级百岁老人的生活，他们证明了生活在建立于积极年龄观念基础之上的社会中的裨益。同样，这本书中讲到的人展示了如何能超越弥漫在许多社会中的年龄歧视。以 99 岁的书店老板艾琳·特伦霍姆为例，她从祖母那里继承了积极的年龄观念，并在她遭遇年龄歧视的任何地方都找到了挑战年龄歧视的方式；还有生活在中西部的医生乔纳斯，在他与致力于改善社区的年长医学导师相处过后，他的消极年龄刻板印象消融了；还有芭芭拉，她的积极年龄观念通过我们的干预得到了增强，并由此发现她的平衡和身体功能得到了极大的改善。

无论他们是在早年还是晚年获得积极的年龄观念，这些人中的许多人都在这些观念的基础上建立了快乐、健康、成功的老年生活。以演员约翰·贝辛格和蘑菇捕手帕特里克·汉密尔顿为例：他们都利用积极的年龄观念来增强他们的记忆力。还有铁人三项运动员麦当娜·布德尔修女和游泳运动员莫里纳·科恩菲尔德，她们令人印象深刻的运动成就是由她们对待老龄化的方式铸就的。还有梅尔·布鲁克斯和利兹·莱尔曼，他们积极的年龄观念在晚年释放出一连串创造力。

任何人都有潜能拥有一个由积极年龄观念塑造的人生和由此带来的所有裨益，这个道理以一种意想不到的方式被我揭示。我为了评估年龄刻板印象而制作"老龄化形象"问卷，我问受试者，当他们想到老龄化时，脑海中最先出现的五个词是什么。回答几乎都是消极词。但是当我问及他们想到一个积极的老龄化形象时脑海中最先出现的五个词，每个人都能回答出积极词。

这个发现是出乎意料的，因为我之前已经发现了大量的证据，表明老年人通过接触传播消极年龄刻板印象的无数社会机构，以及通过经历基于这些刻板印象的歧视，使消极年龄刻板印象内化于心。然而，五个词问题揭示出，积极年龄观念是一直存在的，准备着被激活，这就是本书第 9 章和附录 A 中介绍的 ABC 方法和练习的目的。

激活积极年龄观念的过程与我最喜欢的一首诗有相似之处，这首诗是由获得诺贝尔文学奖的加勒比海诗人德里克·沃尔科特写的，题目是《爱之后的爱》，[⊖]其中并没有明确的关于老龄化或年龄观念的内容，但对我来说，它将本书所探讨的一些中心思想带进了生活中。

> 总有那么一天，
>
> 你会满心欢喜地
>
> 在你自己的门前，
>
> 自己的镜中，欢迎你的到来，
>
> 彼此微笑致意，
>
> 并且说：这儿请坐；请吃。
>
> 你会重新爱上这个曾经是你的陌生人。
>
> 给他酒喝，给他饭吃。把你的心
>
> 还给它自己，还给这个爱了你一生，
>
> 被你因别人而忽视
>
> 却一直用心记着你的陌生人。
>
> 把你的情书从架上拿下来，
>
> 还有那些照片、绝望的小纸条，
>
> 从镜中揭下你自己的影子。
>
> 坐下来。享用你的一生。

⊖ 该诗译文出自诗人阿九（李绚天）。——译者注

　　沃尔科特看上去描述了一种可以在两个层面上发生的变化。在个人层面上，他描述了一个隐喻性的陌生人，代表的是持有积极年龄刻板印象的老年自我，已经被消极年龄刻板印象所掩盖。当这些休眠的积极年龄刻板印象开始喷薄时，曾经的陌生人又受到欢迎地归来。

　　在社会层面上，沃尔科特的诗可以视为对团结的呼吁。是时候消除基于年龄的藩篱和偏见了，"把你的心还给它自己，还给这个爱了你一生的陌生人"。当老年人不再被社会作为陌生人对待，而是被他们自己和他们的社区所重视时，老龄化就可以成为一趟重归故里，一次重新发现，一场生命盛宴。

附　录

附录 A　增强积极年龄观念的 ABC 方法

表 A-1　练习你的 ABC：促进健康的年龄观念工具

A	意识：识别社会中哪些地方可以找到消极和积极的老龄化形象。
B	归咎：认识到健康和记忆问题至少有一部分是我们从社会获得的消极年龄观念造成的。
C	挑战：采取行动对抗年龄歧视，让它不再有害。

以下大多数练习可以迅速学会并执行。由于年龄观念是多方面的，同时在无意识和有意识的层面上运作，因此尝试这些练习的组合是有帮助的，每个阶段至少选一个。正如第 9 章所讨论的，这三个阶段包括：提高意识，归咎于恰当的对象，挑战消极的年龄观念。

为了增强这些观念，并对它们更加适应，我建议重复你所选择的练习。亚里士多德在 24 个世纪前的发现至今仍然是真理："我们重复的行为造就了我们。"坚持应用这些策略应该会带来叠加的裨益，产生滚雪球效应，由小的变化带来一连串的改善。[1]

以下是供你尝试的 ABC 练习。

意识练习

意识练习 1：老龄化的五个形象

当你想到老年人的时候，记下你脑海中首先出现的五个词或短语。即使你已经在第 1 章做过这个练习，也可以再试一次，看看自从你开始阅读本书后，年龄观念是否发生了转变。再次说明，答案没有对错之分。你的回答中，有几个是消极的，几个是积极的？

如果你发现自己在五种形象的练习中有很多消极的答案，这并不意味着你的观点是无法改变的。我们大多数人都无意识地从周围环境中吸收了消极的年龄观念，但我们可以扭转这些观念。意识到它们是第一步。

意识练习 2：积极榜样的组合

谁是你的老年榜样？列出四个你敬佩的老年人。从你自己的生活中挑选两个，另外两个则从整个世界中挑选，如历史、书籍（包括这本书）、电视节目或新闻。通过这种方式，你会收集一系列不同的榜样，并将各种令人钦佩的品质与老龄化关联起来。对于每个榜样，挑选一个或多个你敬佩，并且希望在你变老时提升的品质。

意识练习 3：注意媒体中的年龄观念

让不可见变得可见的一个好方法是用笔记本或智能手机记录你在一周内遇到的关于老龄化的消极和积极形象。当你看电视或流媒体节目时，记下是否有任何老年角色，他们扮演什么角色，以及这些角色是以消极还是积极的方式刻画老龄化。当你花时间上网或阅读报纸时，写下老年人如何被包括在文章内，并注意他们何时被排除在文章外。在这一周结束时，统计一下老龄化的消极和积极形象的数量，以及遭到忽略的数量。在我的研究中，我发现这种积极的注意有助于培养一种敏锐的意识，不仅是意识到公然的年龄歧视，还有形式更微妙的排斥和边缘化。[2]

意识练习 4：对代际的意识

想一想你最亲密的五个朋友。如果你像我一样，这五个人的年龄可能与你只相差几岁。当然，享受同龄人的陪伴并无不妥，但从代际角度讲，我们很容易把自己封闭起来，这也是助长消极年龄观念的另一个因素。想一想如何增加你的代际接触。看看你在上周有多少次有意义的代际互动。如果你很难想到很多，那就想出两个你在下个月可以进行的涉及不同代际的活动。

归咎转换练习

归咎转换练习 1：找到真正的原因

监控自己，看看什么时候年龄刻板印象影响了你思考不愉快的事件或挑战的原因。如果你或你认识的老年人丢失了钥匙、忘记了日期或名字，而你发现自己倾向于使用"长者时刻"的说法，请记住，这是你主观表达的消极年龄观念，而不是对衰老过程的客观评估。有没有可能是你或者别人在编码或提取记忆信息时太匆忙、有压力、很悲伤，或被什么事情分散了注意力？这些情绪状态都会加剧暂时的遗忘。如果你把腰酸或耳背归咎于衰老，请注意当时的环境：你是否拿起了太重的东西或者背景噪声太大？想一想发生在你或某个老年人身上的两件真实或假想并归咎于衰老的身心事件，然后，想出一个与衰老无关的原因来解释这个事件。

归咎转换练习 2：谁获利

写下四个消极的年龄刻板印象。说出一个可能从这种刻板印象中受益或获利的公司或机构。例如，如果你写下"记忆力下降"，你可能会列出 Lumosity——一家销售"大脑训练游戏"的公司，常常利用与记忆力的下降不可避免这一消极年龄观念有关的焦虑。该公司被美国联邦贸易委员会告上法庭，因为它用虚假的陈述来攫取老年消费者的恐惧。[3]

归咎转换练习 3：如果是针对女性的，存在性别歧视吗

如果你不确定提及老年人或针对老年人的行动是否存在年龄歧视，可以试着换一下，把目标换成另一个被边缘化的群体，比如女性。例如，如果一个雇主说需要解雇老年员工，那就问问自己，如果同样的话说的是解雇女性，听起来会怎样。如果后者听起来是性别歧视，那么当老年员工成为针对目标时，可以考虑将其称为年龄歧视。

挑战练习

挑战练习 1：瓦解消极的年龄观念

你可以通过提供准确的信息来挑战消极的年龄观念。本书涵盖了许多反驳常见消极年龄刻板印象的科学知识。（附录 B 对其进行了总结。）写下三个关于衰老的迷思。练习一下你会对视之为真者说些什么。例如，"老年人不关心地球"——事实是 65 岁以上的人比其他任何年龄段的人都更喜欢废品回收（而且回收率随着年龄的增长而上升）。[4]

当有人表达年龄歧视的时候，如果你像我一样，你可能并不总是说得出几句犀利的俏皮话。因此，最好是事先准备几句话，或者稍后再回过头来对之前的年龄歧视言论或行动发表犀利言论。

挑战练习 2：找到参与政治的方式

你可以竞选政治职务。或者，确定哪些候选人倡导有利于老年选民福祉的公共政策，然后支持他们的竞选活动。当你认同或不认同你的当选代表对与老年选民有关的立法的立场时，你也可以让他们知道你的立场。

挑战练习 3：对抗媒体的年龄歧视

当你读到一篇反映消极年龄刻板印象的文章时，请写信给编辑或在社交媒体上发表观点。一个例子是 E-Trade（在线股票交易平台）在 2018 年超级碗（美国收视率最高的体育赛事）上发布的一支广告。这支广告嘲笑工作的老年人：我们看到一位老年邮递员丢了一摞包裹，一位老年消防员在将水管对准人行道而不是火场时被掀翻在地。老年牙医和体育裁判的笨拙和无能也不遑多让。为了避免对老年劳动者的年龄强调得不充分，背景音乐中的歌词唱着"我85岁了，我想回家"，用的是哈里·贝拉方特的民谣《香蕉船之歌》的曲调。

该广告公司显然是为了吓唬年轻的潜在客户，让他们通过支付 E-Trade 公司交易股票的佣金来为提前退休花钱。[5] 尽管这些消极形象帮助 E-Trade 在接下来的一年里创造了大量的利润，[6] 但这支广告也激起了人们的愤怒和抵制。顺便说一下，这就是上游的因果关系：年龄歧视不是由事实驱动的，而是由传统的对利润的渴望驱动的。

我第一次听说这支广告是通过我的女儿，她在她的 Facebook 上看到了它，并向我展示了一个又一个来自朋友和陌生人的帖子，他们都对这支广告刻画老年人的方式表示反感。

请留意下一个出现年龄歧视的例子，并找到一种方式来反映你的关注，向制作产品广告的公司发送抗议信息，或者组织一个请愿活动，让这家公司知道，如果它继续下去，你和你的朋友将与对年龄更友好的公司进行交易。

附录 B　用于驳斥消极年龄刻板印象的炮弹

以下是一些错误和有害的年龄刻板印象的例子，这些观念被广泛的社会来源所传播。与这些刻板印象相对应的是从大量证据中精选出的证据，你会发现这些证据有助于驳斥它们（参考文献放在书末注释）。

1. 错误的年龄刻板印象："老狗学不会新把戏"这句俗语说明老年人没有学习能力。

事实：老年人在认知方面有许多积极的变化，还有许多技术可以支持终身学习。老年人同样可以从年轻人用来提高记忆力的记忆策略中受益。事实上，我们的大脑经历了新的神经元的增长，以应对生命全程中遇到的挑战。[1-4]

2. 错误的年龄刻板印象：所有的老年人都会痴呆。

事实：痴呆不是老龄化的一个正常部分。大多数老年人不会痴呆。在 65 ～ 75 岁的美国成年人中，只有约 3.6% 的人痴呆。此外，有证据表明，随着时间的推移，痴呆患病率一直在下降。[5-7]

3. 错误的年龄刻板印象：老年人的健康完全由生物学决定。

事实：我们的团队发现，以年龄观念为形式的文化可以对老年人的健康产生强大影响。例如，积极的年龄观念可以在多个方面有利于他们的健康，如降低心血管应激和改善记忆力。反过来，消极的年龄观念会对这些方面的健康产生不利影响。[8-11] 我们还发现，积极的年龄观念放大了 APOE ε2 的有益影响，这种基因通常有益于晚年的认知能力。[12]

4. 错误的年龄刻板印象：老年人弱不禁风，他们应该避免运动。

事实：大多数老年人不会由于运动而受伤。世界卫生组织建议老年人经常运动，因为这样做有利于心血管和精神健康，并能使骨骼和肌肉更强壮。[13]

5. 错误的年龄刻板印象：大多数老年人患有无法治疗的精神疾病。

事实：大多数老年人并不患有精神疾病。研究表明，在晚年生活中，幸福感通常会增加，而抑郁、焦虑和药物滥用会减少。[14] 此外，老年人通常会从包括心理疗法在内的心理健康治疗中受益。[15-16]

6. 错误的年龄刻板印象：老年员工在工作场所没有效率。

事实：老年员工因病请假的天数更少，受益于经验，有很高的职业道德，而且常常有创新精神。[17-19] 纳入老年人的团队比没有老年人的团队更有效率。[20]

7. 错误的年龄刻板印象：老年人是自私的，对社会没有贡献。

事实：老年人经常在允许他们对社会做出有意义贡献的岗位上工作或做志愿者。他们是最有可能回收废品和进行慈善捐赠的年龄组。在老年时期，利他主义的动机变得更强烈，而自恋价值观的影响在减弱。老年人经常思考自己能给世界留下何种遗产，想要为后代创造一个更好的世界。此外，在大多数家庭中，收入是向下流动的，从老年人流向成年子女的资金多于从成年子女流向老年人的资金。[21-26]

8. **错误的年龄刻板印象**：认知能力在老年会不可避免地下降。

事实：许多类型的认知能力在晚年会得到改善，其中包括：元认知（对思维的思维），从多个角度考虑问题，解决人际和群体间的冲突，语义记忆。其他类型的认知能力往往保持不变，如程序性记忆，其中包括骑自行车等常规行为。[27-30]此外，我发现加强积极的年龄观念可以成功地改善那些被认为会在晚年衰退的记忆类型。[31-35]

9. **错误的年龄刻板印象**：老年人是糟糕的司机。

事实：涉及老年司机车祸的绝对数量很少。他们更有可能使用安全带并遵守速度限制。此外，他们不太可能在开车时发信息、酒驾或开夜车。[36-38]

10. **错误的年龄刻板印象**：老年人没有性生活。

事实：大多数老年人继续享受着身体和情感上令人满足的性生活。一项调查发现，72%的老年人有一个浪漫伴侣，其中大部分人都有性生活。[39-40]

11. **错误的年龄刻板印象**：老年人缺乏创造力。

事实：创造力通常在晚年延续甚至提升。许多艺术家，包括亨利·马蒂斯，都被认为是在年老时创作了他们最具创新性的作品。50岁以上的企业家比30岁以下的企业家更有可能成功开办

公司。老年人常常引领着创新，并利用创新来重振社区。[41-44]

12. **错误的年龄刻板印象**：老年人难以跟上新技术。

事实：老年人拥有适应、学习和发明新技术的能力。四分之三的 50 岁及以上的人经常使用社交媒体；67% 的 65 岁及以上的人使用互联网，81% 的 60 ～ 69 岁的人使用智能手机。[45-46]一些老年人引领了技术进步，包括麻省理工学院教授米尔德里德·德雷斯尔豪斯，她在 70 多岁时革新了纳米技术领域。[47]

13. **错误的年龄刻板印象**：老年人不会从健康行为中受益。

事实：从健康行为中受益永远不会太晚。例如，戒烟的老年人在几个月内肺部健康就会得到改善。[48]同样地，克服了肥胖症的老年人的心血管健康也会得到改善。[49]

14. **错误的年龄刻板印象**：老年人不能从受伤中恢复。

事实：大多数受伤的老年人都显示出恢复迹象，有积极年龄观念的老年人更有可能完全恢复。[50]

附录 C   对终结结构性年龄歧视的呼吁

长寿的奇迹为个人和我们生活的社会提供了如此不可思议的机会。然而，今天，由于我们没有充分解决这些阻碍老年人口过上有意义、有成效的晚年生活的挑战，这些潜在的机会很多仍未得到实现。

——保罗·欧文（Paul Irving），米尔肯研究所未来老龄化中心主席[1]

消除消极年龄刻板印象的最好方法是终结结构性年龄歧视。由于这种年龄歧视深深扎根于社会的权力结构中，要实现社会变革需要从两个方向开展多方面的活动：自上而下，涉及法律和政策；自下而上，涉及呼吁这些变革的年龄解放运动。以下是实现年龄平等所需的不完全清单。我鼓励你思考其中是否有哪个部分或条目是你可以影响的。

终结医疗领域的年龄歧视

- 终结在为各种疾病提供治疗方面的年龄歧视，包括心血管疾病和癌症。在 149 项研究中，有85%的研究显示，即使老年患者与年轻患者一样有可能受益，医疗服务提供者也不向或者更少向前者提供手术和治疗。[2]

- 通过更好的医疗保险报销制度来增加对老年人的预防保健和康复服务的支持。[3]

－改善卫生保健提供者与老年患者的沟通方式。这将包括避免使用居高临下的语言，停止将老年患者排除在重要的卫生保健决定之外的做法。为了改善原有的做法，老年医学专家玛丽·提内蒂（Mary Tinetti）开发了一份有效交谈指南，以帮助卫生保健提供者考虑到老年患者的优先事项。[4]

－在所有医院建立老年急诊科。在美国，医院通常有儿科急诊，但只有 2% 的医院有老年急诊科；这些老年急诊科使老年人的卫生保健得到改善，并降低了成本。[5]

－终结卫生保健专业人员之间的薪资和报销差别，目前专注于老年人的专业人员的薪资低于其他医疗专业的人。[6]

－扩大老年医学系的数量，所有医学院都要开设。在美国的 145 所医学院中，只有 5 所设有老年医学系；平均每三千名美国老年人对应一位老年医学专家。[7]

－为所有卫生保健提供者提供老年医学培训，使他们做好护理老年患者的准备。培训可以包括各种不同健康水平的老年患者。在美国，虽然所有的医学院都要求进行儿科培训，但只有不到 10% 的学校要求进行老年医学培训。[8]类似地，只有不到 1% 的护士和不到 2% 的物理治疗师接受过与老年人一起工作的正式培训。[9]

－在卫生保健专业人员的培训中纳入反年龄歧视的内容，其中可以包括消除广泛持有的迷思，例如，高血压和背痛在晚年是不可避免的。[10]

－在对所有病人的初级医疗服务中纳入年龄观念的筛查，并开出挑战消极年龄观念的策略处方。

－ 通过制定针对老年患者的标准方案和培训卫生保健提供者执行方案，消除在提供精神健康问题、性病和虐待老年人的适当筛查和转诊方面的年龄歧视。[11]

终结心理保健领域的年龄歧视

－ 改革心理健康培训，使其充分纳入与老年人有关的议题，如抑郁并不是老龄化的自然组成部分的研究发现，以及老年人通常具有使他们从心理治疗中受益的技能。

－ 终结联邦医疗保险对治疗老年患者的治疗师的偿付价格大大低于市场价格的做法。[12]

－ 在被心理健康专业人士用作指南的《心理动力学诊断手册》和《精神障碍诊断与统计手册》中增加有关老年人心理健康的信息。

－ 建立代际心理治疗小组，使不同年龄的人能够相互学习。

－ 缩小心理健康需求和护理之间的差距，在许多国家，这种差距随着年龄的增长而增大。这可以通过增加治疗选择来实现，例如，将由老年人提供非专业心理健康护理的友谊长椅模式扩展到目前开展该模式的国家之外。[13]

终结政府系统中的年龄歧视

－ 创制并执行为老年人提供经济和粮食安全的法律。在美国，9% 的老年人生活在贫困中，16% 的老年人没有足够的食物，30.6 万老年人无家可归。[14]

－ 在联邦一级设立一名反年龄歧视特使和一个反年龄歧视机构，以发起和协调所有政府部门的反年龄歧视政策。

－ 鼓励老年人参选各级政府职位，以倡导对老年人友好的政策，并参与支持老年人利益的政治竞选。

－ 将保护老年人的权利纳入所有与公民权利相关的法律中。许多此类法律，包括美国《民权法案》，并未考虑年龄。[15]

－ 通过法律来改善养老院和长期护理机构的条件，要求有足够的人员配置水平、培训和薪酬。

－ 禁止养老院和长期护理机构不适当地使用药物对老年居民进行镇静。根据几份报告，一些美国养老院使用镇静药物来控制痴呆症状，尽管食品药品监督管理局从未批准其中许多药物的这种用途，而且这些药物可能导致疲劳、跌倒和认知障碍。[16]

－ 为旨在预防和制止虐待老年人的法律执行和项目提供资金，社会流行病学家张亦贤（E-Shien Chang）发现，虐待老年人是由可改变的因素决定的。[17-18]

－ 通过提供前往投票站的交通工具，以及提供容易操作的邮寄选票等方式，使所有老年人都能方便地参加投票。

－ 要求所有国家批准联合国《老年人权利公约》。包括美国在内的多个国家都还没有批准。[19]

－ 确保老年人被充分纳入陪审团和法官席。缺乏老年人参与这些角色已成为一个日益严重的问题。[20]

终结教育领域的年龄歧视

－倡导学校董事会为学前班至十二年级的课程制定目标，包括在历史和社会研究等课程中纳入对老年人的正面描述。现在许多课程纳入了其他多样性目标，却没有纳入年龄多样性。

－鼓励教师在课堂上通过电影、歌曲、活动和书籍等形式纳入对老年人的正面刻画。例如，参考教育活动家桑德拉·麦圭尔（Sandra McGuire）制定的儿童文学书目。[21]

－扩展大学和研究生院的发展心理学课程，其中大部分课程内容不超过成年早期，应该纳入老龄化主题。

－在教师培训中纳入对年龄歧视的认识，展示年龄歧视的信息是如何在学校里传播的，以及如何反击这类信息。

－支持社区中的老年人进学校谈论他们所取得的成就并参与指导学生。后者是由哥伦比亚大学梅尔曼公共卫生学院院长琳达·弗里德的"经验队"（Experience Corps）项目开创的，应该扩大到所有学校。[22]

－设立"祖父母日"，在这一天，学生们为年长的亲人或社区的老年人庆祝。

－增加老年人的教育机会，从为那些早年没有机会受教育的人提供识字项目到在大学提供课程。促进代际学习的年龄友好型大学倡议，可以扩展到世界上98%尚未采用其年龄包容原则的大学。[23]

终结工作场所的年龄歧视

- 通过充分执行反年龄歧视的法律，停止雇用老年员工过程中的年龄歧视。

- 停止基于年龄解雇员工的做法，包括强制退休。例如，联合国的雇员，包括那些专注于老龄化问题的雇员，65 岁就被强制退休。[24]

- 将老年问题纳入多样性、平等和包容性的培训项目和政策中。这样做可以提高人们对目前 60% 的劳动者有报告年龄歧视的情况的认识，消除对老年员工的迷思，并强调老年员工的贡献。一项对 77 个国家的雇主进行的调查发现，只有 8% 的雇主在多样性、平等和包容性政策中考虑了年龄。[25]

- 设立举报机制，让离职或退休的老年员工可以与公众分享任何年龄歧视的经历，而不会有受到雇主惩罚的风险。

- 在可能的情况下，实施代际工作团队。研究发现这些团队可以打破年龄刻板印象并提高生产力。[26]

- 建立一个系统，根据公司对年龄的积极性进行评分，并向那些对年龄最友好的公司颁发证书。

终结抗衰老和广告行业的年龄歧视

- 监测公司在其投放的广告中的消极年龄刻板印象；这可以包括使用一个在线信息交流平台，个人可以提交年龄歧视广告的例证。

– 组织抵制那些在广告中贬低老年人的公司，其中许多广告是由抗衰老行业制作的，直到它们同意撤下这些冒犯性的信息。

– 在广告中增加对老年人的包容性和多样性，并以有活力的角色来表现他们。为了挑战对老年人的消极刻板印象式展示，英国的"更好老龄化中心"最近推出了首个免费使用的积极且真实的老年人形象在线档案。[27]

– 让老年人在广告公司的创意指导团队占有一席之地。广告公司员工的平均年龄只有 38 岁，而大多数消费者年龄都在 50 岁以上。[28]

– 为给老年人赋能的广告设立奖项。

终结流行文化中的年龄歧视

– 扩展电影中的"多样性"的含义，纳入老年演员、编剧和导演。颁发奥斯卡奖的美国电影艺术与科学学院，在其新的包容多样性规则中没有考虑老年人。[29]

– 监测并公布电影和电视中泛滥的年龄歧视，其中包括年龄歧视的语言和活动，以及缺乏细致入微的老年角色。[30] 让制片人和其他观众知道这样做是不可接受的。

– 招募并支持名人公开反对好莱坞和大众文化中的年龄歧视。一些名人，如艾米·舒默、麦当娜和罗伯特·德尼罗已经发过声。[31] 我们需要更多的声音。

– 创建一个为老年人庆祝的全国性节日，并在各地举办庆祝活动。日本有一个全国性的老年人节日，可以作为一个模式参考。

　　– 组织数以亿计的游戏玩家抵制目前包含年龄歧视内容的电子游戏，[32] 并鼓励电子游戏行业生产对老龄化有正面刻画的游戏。

　　– 促进创作并销售对老年持积极态度的生日卡。这些卡片可以取代无处不在的贬低老龄化的卡片。在科罗拉多州和英国，当地的艺术家和活动家已经开始努力改变这些老龄化相关商品。[33]

　　– 发起 50 岁以上 50 人名单运动。这可以仿照 30 岁以下的 30 人名单，这些名单由各个行业公布，以表彰各自领域的领导者。

终结媒体中的年龄歧视

　　– 向政府施加压力，禁止将老年人排除在住房和求职列表之外的网络年龄歧视。在目前的制度下，社交媒体公司应该进行自我监督，但这并不成功。[34]

　　– 要求社交媒体公司禁止传播年龄歧视。Facebook 的社区准则应该像禁止针对其他群体的仇恨言论一样禁止年龄歧视，而 Twitter 应该执行其禁止年龄歧视的社区准则。[35-36] 有证据表明，该准则尚未得到执行，因为一项对 Twitter 的分析发现，在 #BoomerRemover（老人清除剂）热搜下的推文中，有 15% 是公然的诋毁性言论，包括希望老一代人死亡。[37]

　　– 鼓励新闻学院强调报道结构性年龄歧视的重要性，以及撰写给老年人赋能的新闻报道的重要性。[38] 哥伦比亚大学新闻学院与哥伦比亚大学公共卫生学院罗伯特·巴特勒哥伦比亚老龄化中心开办的老龄化学院（Age Boom Academy）就是一个可以参考的模式。

— 在新闻报道中替换年龄歧视的语言和概念，如用来描述婴儿潮一代的衰老的"银发海啸"一词，可以替换成"银发水库"等词，后者体现的是这一代人可以成为"我们社会的潜在资源，而不是即将到来的威胁所有人生命的危险"。[39]

— 要求媒体机构在电视、广播和报纸上为老年观众、听众和读者的兴趣提供时间和空间。《纽约时报》记者葆拉·斯潘（Paula Span）的"新老年"专栏是这方面的一个典范。

— 为杰出的反年龄歧视和支持老龄化的报道设立新闻奖。

终结空间上的年龄歧视

— 消除基于年龄的数字鸿沟，老年人在家里接入互联网的可能性明显低于年轻人。这种缺乏互联网接入的情况现在影响到42%的65岁及以上的美国人，对属于低收入、女性、独居、移民、残疾和少数族裔群体的老年人来说尤为严重。[40]由于连接网络可以促进卫生保健、工作机会的获取和社区参与，政府必须为所有老年人提供负担得起的网络连接和充分的技术支持。

— 终结隔离和孤立老年人的住房分区条例和区域规划。

— 坚持要求政府在城市和农村地区提供足够的年龄包容和无障碍公共交通设施，以减少老年人的社会隔离。[41]

— 要求用联邦基金建造的住宅区纳入老年人，其人数占比至少要与他们在总人口中所占的比例一样高。

- 通过设计包括图书馆、博物馆和多功能公园在内的年龄包容的公共和私人空间等手段，促进代际的面对面接触。

- 在自然灾害中，不要忽视老年人，使他们被困在危险的地方，[42] 在公平的基础上将他们纳入自然灾害紧急救援计划。

终结科学领域的年龄歧视

- 终结将老年人排除在临床试验之外的做法，这种做法甚至发生在他们特别可能患有目标疾病的情况下，如帕金森病。[43] 应该要求将他们纳入，其比例至少与总人口相称，以确保药物和疗法对老年人是安全和有效的。

- 建立纳入老年人的调查，并报告老年人是否具有复原力（如果有，又是如何复原的），以及他们在经历疾病、治疗和康复方面与其他年龄段的人有什么不同。大多数调查不收集 65 岁以上的人的数据；[44] 例外的是健康与退休研究及其姐妹研究、巴尔的摩老龄化纵向研究和英国生物银行。

- 停止使用科学和政策报告中经常使用的"抚养比"（dependency ratio）一词；它将人口中所有 65 岁及以上的人都描述为依赖年轻成年人的人，而不是有生产力的社会成员。

- 增加老龄化研究的资金，包括研究老龄化健康的生物、心理和社会决定因素，以及利用寿命增加所带来好处的最佳政策和方案。只有不到 0.01% 的美国联邦预算和不到 1% 的美国基金会资金专门用于老龄化研究。[45]

　　– 将老龄化的常见定义"衰老"（senescence）——一个逐渐衰退的过程，改为更加多学科和更积极的定义，如一个生命晚期的发展阶段，其中包含基于几十年积累的经验换来的心理、生物和社会成长。

致　谢

　　我想感谢以下人士，他们通过自己的故事、知识和灵感，以重要的方式为本书做出了贡献。许多人慷慨地给了我几个小时的时间来交谈。这些人包括：

Carl Bernstein, John Blanton, Bethany Brown, Madonna Buder, Robert Butler, Jennifer Carlo, Neil Charness, Dixon Chibanda, Kinneret Chiel, Jessica Coulson, Wilhelmina Delco, Thomas Dwyer, Carol Fairbank, Rachella Ferst, Judy Gaeth, Susan Gianinno, Stacey Gordon, Harold Gray, Angela Gutchess, Patrick Hamilton, Nancy Hill, Paul Irving, Maurine Kornfeld, Nina Kraus, Suzanne Kunkel, Jack Kupferman, Liz Lerman, Vladimir Liberman, Kathryn Lovinsky, Richard Marottoli, Deborah Miranda, Piano Noda, Helga Noice, Tony Noice, Daniel Plotkin, David Provolo, Nancy Riege, Elisha Schaefer, Bridget Sleap, David Smith, Wilhelmina Smith, Quinn Stephenson, Jemma Stovell, Kane Tanaka, Irene Trenholme, Christopher Van Dyck, Yumi Yamamoto, Robert Young, 无症状阿尔茨海默病的抗淀粉样蛋白治疗的受试者以及皱纹沙龙的参与者。

　　开展研究离不开大家的支持。如果没有许多人的专业知识，我不可能进行本书中描述的那些研究。我感到很幸运，能够与以下优秀的同事一起工作：Heather Allore, Kimberly Alvarez, Ori Ashman, Mahzarin Banaji, Avni Bavishi, Eugene Caracciolo, E-Shien Chang, Pil Chung, Mayur Desai, Lu Ding, Margie Donlon, Theodore Dreier, Itiel Dror, Thomas Gill, Jeffrey Hausdorff, Rebecca Hencke, Sneha Kannoth, Stanislav Kasl, Julie Kosteas, Suzanne Kunkel, Rachel Lampert, Ellen Langer, Deepak Lakra, John Lee, Erica Leifheit-Limson, Sue Levkoff, Samantha Levy, Sarah Lowe, Richard Marottoli, Jeanine May, Scott Moffat, Joan Monin, Terry Murphy, Lindsey M. Myers, Kristina Navrazhina, Reuben Ng, Linda Niccolai, Robert Pietrzak, Corey Pilver, Natalia Provolo, Kathryn Remmes, Susan Resnick, Mark Schlesinger, Emma Smith, Mark Trentalange, Juan Troncoso, Sumiko Tsuhako, Peter Van Ness, Shi-Yi Wang, Jeanne Wei 和 Alan Zonderman。我尤其要感谢 Marty Slade 在生物统计学方面的杰出贡献，以及美国国家老龄化研究所科学主管 Luigi Ferrucci 在流行病学方面的杰出贡献。

我还要感谢参与我们研究的一些个体，以及从事巴尔的摩老龄化纵向研究、俄亥俄州老龄化和退休纵向研究、健康和退休研究、突发事件项目、国家老兵健康与复原力研究的调查员，我从这些纵向研究中受益良多。

如果没有美国国家老龄化研究所、帕特里克和凯瑟琳·韦尔登·多纳休医学研究基金会、美国国家科学基金会、耶鲁大学老龄化研究项目和布鲁克代尔基金会的慷慨资助，我所从事的大部分研究是不可能实现的。

有很多人帮助我创作了这本书，我要感谢他们。首先，我很感激 Elissa Epel，她建议是时候将我的团队的研究发现传播到学术期刊版面之外了。

感谢仔细阅读各章草稿并提出宝贵意见的同事、朋友和家人。这些人包括：Jose Aravena, Andrew Bedford, E-Shien Chang, Benjamin Levy, Charles Levy, Elinor Levy, Samantha Levy, Lisa Link, Eileen Mydosh 和 Renee Tynan。我感谢 Natalia Provolo 对事实和参考文献的缜密阅读和仔细核查。我还感谢在日本协调活动的 Mao Shiotsu 的帮助。

感谢我的作品代理团队，在 Doug Abrams 的创造性领导下，他们在出版过程的每个阶段都给予了帮助。该团队成员包括 Lara Love、Ty Love 和 Jacob Albert，他们为本书的创作提供了帮助，并帮助我实现了为更广泛的读者写作的飞跃。我还感谢 Rachel Neumann 出色的编辑意见。

还要感谢我的编辑 Mauro DiPreta，从我的提案变成一本书的过程中有许多步骤，他始终如一地提供支持、热情和洞见。感谢他的高度能干的团队，其中包括文字编辑 Laurie McGee、副主编 Vedika Khanna、高级市场总监 Tavia Kowalchuk 和宣传经理 Alison Coolidge。

我感谢耶鲁大学公共卫生学院社会与行为科学系和耶鲁大学

心理学系为我提供了一个吸引优秀同事和学生的合作环境。我也很感谢 Sten Vermund 院长的支持，他鼓励通过创造性的方式来传播科学，并为我提供了一个可以专心写作的学术休假。

我非常感谢我的家人，感谢他们对我的由衷支持和鼓励，让我走出舒适区来写作这本书。我很感谢我的女儿塔利亚和希拉，她们让我保持对流行文化趋势的了解，并通过展示各种为一个公正社会而斗争的方式来激励我。我还要感谢塔利亚分享了关于西格蒙德·弗洛伊德的一本教材，感谢希拉告诉我视错觉如何揭示我们大脑的运作方式。

常言道，你不能选择你的父母。但如果可以选择的话，我还是会选择生下我的父母。我的妈妈埃莉诺激励了我，让我看到一个女科学家可以主持一个实验室，并取得其与抚养家庭和组织社会活动的平衡。她在影响健康的生物学因素方面为我提供建议。我也要感谢我的父亲查尔斯，他在本书写作过程的几乎所有阶段都提供了建议。我的父亲是我认识的最棒的社会学家，他教会了我观察社会动态和思考有时被隐藏的原因的价值。

我也很感谢我的丈夫安迪，他是我写这本书的理想搭档。他一直是我冷静的源泉，提供他对医学界的洞见，并鼓励我接受挑战，与更广泛的读者分享我的科学发现。他还知道在适当的时候来一段滑稽的舞蹈。

最后，我想感谢你花时间阅读这本书，并思考实现年龄解放所需的步骤。

注　释

导言

1. Tsugane, S. (2020). Why has Japan become the world's most long-lived country: Insights from a food and nutrition perspective. *European Journal of Clinical Nutrition, 75*, 921–928.
2. Lock, M. (1995). *Encounters with aging: Mythologies of menopause in Japan and North America*. Berkeley: University of California Press.
3. Bribiescas, R. G. (2016). *How men age: What evolution reveals about male health and mortality*. Princeton, NJ: Princeton University Press; Bribiescas, R. G. (2019). Aging men. Morse College Fellows Presentation. Yale University.
4. Levy, B. (1996). Improving memory in old age through implicit self-stereotyping. *Journal of Personality and Social Psychology, 71*, 1092–1107; Levy, B. R., Pilver, C., Chung, P. H., & Slade, M. D. (2014). Subliminal strengthening: Improving older individuals' physical function over time with an implicit-age-stereotype intervention. *Psychological Science, 25*, 2127–2135; Levy, B. R., Slade, M. D., Kunkel, S. R., & Kasl, S. V. (2002). Longevity increased by positive self-perceptions of aging. *Journal of Personality and Social Psychology, 83*, 261–270; Levy, B. R., Slade, M. D., Murphy, T. E., & Gill, T. M. (2012). Association between positive age stereotypes and recovery from disability in older persons. *JAMA, 308*, 1972–1973; Levy, B. R. (2009). Stereotype embodiment: A psychosocial approach to aging. *Current Directions in Psychological Science, 18*, 332–336.
5. Ritchie, H. (2019, May 23). The world population is changing: For the first time there are more people over 64 than children younger than 5. Our World in Data.
6. Levy, B. R., Slade, M. D., Kunkel, S. R., & Kasl, S. V. (2002). Longevity increased by positive self-perceptions of aging. *Journal of Personality and Social Psychology, 83*, 261–270.

第 1 章

1. Levy, B. R., Slade, M., Chang, E. S., Kannoth, S., & Wang, S. H. (2020). Ageism amplifies cost and prevalence of health conditions. *The Gerontologist, 60*, 174–181.
2. Bargh, J. (2017). *Before you know it: The unconscious reasons we do what we do*. New York: Touchstone; Soon, C. S., Brass, M., Heinze, H. J., & Haynes, J. D. (2008). Unconscious determinants of free decisions in the human brain. *Nature Neuroscience, 11*,

543–545.

3. Banaji, M. R., & Greenwald, A. G. (2013). *Blindspot: Hidden biases of good people.* New York: Delacorte Press, p. 67.

4. Moss-Racusin, C. A., Dovidio, J. F., Brescoll, V. L., Graham, M. J., & Handelsman, J. (2012). Science faculty's subtle gender biases favor male students. *Proceedings of the National Academy of Sciences, 109*, 16474–16479.

5. Kang, S. K., DeCelles, K. A., Tilcsik, A., & Jun, S. (2016). Whitened résumés: Race and self-presentation in the labor market. *Administrative Science Quarterly, 61*, 469–502.

6. Bendick, M., Brown, L. E., & Wall, K. (1999). No foot in the door: An experimental study of employment discrimination against older workers. *Journal of Aging and Social Policy, 10*, 5–23; Fasbender, U., & Wang, M. (2017). Negative attitudes toward older workers and hiring decisions: Testing the moderating role of decision makers' core self-evaluations. *Frontiers in Psychology*; Kaufmann, M. C., Krings, F., & Sczesny, S. (2016). Looking too old? How an older age appearance reduces chances of being hired. *British Journal of Management, 27*, 727–739.

7. Rivers, C., & Barnett, R. C. (2016, October 18). Older workers can be more reliable and productive than their younger counterparts. Vox. Börsch-Supan, A. (2013). Myths, scientific evidence and economic policy in an aging world. *The Journal of the Economics of Ageing, 1–2*, 3–15; Schmiedek, F., Lövdén, M., & Lindenberger, U. (2010). Hundred days of cognitive training enhance broad cognitive abilities in adulthood: Findings from the COGITO study. *Frontiers in Aging Neuroscience, 2*, 27.

8. Wyman, M. F., Shiovitz-Ezra, S., & Bengel, J. (2018). Ageism in the health care system: Providers, patients, and systems. In L. Ayalon & C. Tesch-Römer (Eds.), *Contemporary perspectives on ageism* (pp. 193–212). Cham, Switzerland Springer International, 193–212; Hamel, M. B., Teno, J. M., Goldman, L., Lynn, J., Davis, R. B., Galanos, A. N., Desbiens, N., Connors, A. F., Jr., Wenger, N., & Phillips, R. S. (1999). Patient age and decisions to withhold life-sustaining treatments from seriously ill, hospitalized adults. SUPPORT Investigators. Study to understand prognoses and preferences for outcomes and risks of treatment. *Ann Intern Med.* (1999 January 19). 130(2):116–125; Stewart, T. L., Chipperfield, J. G., Perry, R. P., & Weiner, B. (2012). Attributing illness to "old age": Consequences of a self-directed stereotype for health and mortality. *Psychology and Health, 27*, 881–897.

9. Levy, B. R. (2009). Stereotype embodiment: A psychosocial approach to aging. *Current Directions in Psychological Science, 18*, 332–336; Levy, B. R., Slade, M. D., Pietrzak, R. H., & Ferrucci, L. (2020). When culture influences genes: Positive age beliefs amplify the cognitive-aging benefit of *APOE* ε2. *The Journals of Gerontology, Series B: Psychological Sciences and Social Sciences, 75*, e198–e203.

10. Chang, E., Kannoth, S., Levy, S., Wang, S., Lee, J. E., & Levy, B. R. (2020). Global reach of ageism on older persons' health: A systematic review. *PLOS ONE, 15*; Horton, S., Baker, J., & Deakin, J. M. (2007). Stereotypes of aging: Their effects on the health of seniors in North American society. *Educational Gerontology, 33*, 1021–1035; Meisner, B. A. (2012). A meta-analysis of positive and negative age stereotype priming effects on behavior among older adults. *The Journals of Gerontology, Series B: Psychological Sciences and Social Sciences, 67*, 13–17; Lamont, R. A., Swift, H. J., & Abrams, D. (2015). A review and meta-analysis of age-based stereotype threat: Negative stereotypes, not facts, do the damage.

Psychology and Aging, 30, 180–193; Westerhof, G. J., Miche, M., Brothers, A. F., Barrett, A. E., Diehl, M., Montepare, J. M., . . . Wurm, S. (2014). The influence of subjective aging on health and longevity: A meta-analysis of longitudinal data. *Psychology and Aging, 29,* 793–802.

11. Levy, B. R. (2009). Stereotype embodiment: A psychosocial approach to aging. *Current Directions in Psychological Science, 18,* 332–336; Kwong See, S. T., Rasmussen, C., & Pertman, S. Q. (2012). Measuring children's age stereotyping using a modified Piagetian conservation task. *Educational Gerontology, 38,* 149–165; Flamion, A., Missotten, P., Jennotte, L., Hody, N., & Adam, S. (2020). Old age-related stereotypes of preschool children. *Frontiers in Psychology, 11,* 807.

12. Kwong See, S. T., Rasmussen, C., & Pertman, S. Q. (2012). Measuring children's age stereotyping using a modified Piagetian conservation task. *Educational Gerontology, 38,* 149–165; Flamion, A., Missotten, P., Jennotte, L., Hody, N., & Adam, S. (2020). Old age-related stereotypes of preschool children. *Frontiers in Psychology, 11,* 807.

13. Montepare, J. M., & Zebrowitz, L. A. (2002). A social-developmental view of ageism. In T. D. Nelson (Ed.), *Ageism: Stereotyping and prejudice against older persons* (pp. 77–125). Cambridge, MA: The MIT Press.

14. Officer, A., & de la Fuente-Núñez, V. (2018). A global campaign to combat ageism. *Bulletin of the World Health Organization, 96,* 295–296.

15. Bigler, R. S., & Liben, L. S. (2007). Developmental intergroup theory: Explaining and reducing children's social stereotyping and prejudice. *Current Directions in Psychological Science, 16,* 162–166.

16. Levy, B. R., Pilver, C., Chung, P. H., & Slade, M. D. (2014). Subliminal strengthening: Improving older individuals' physical function over time with an implicit-age-stereotype intervention. *Psychological Science, 25,* 2127–2135; Hausdorff, J. M., Levy, B., & Wei, J. (1999). The power of ageism on physical function of older persons: Reversibility of age-related gait changes. *Journal of the American Geriatrics Society, 47,* 1346–1349; Levy, B. (2000). Handwriting as a reflection of aging self-stereotypes. *Journal of Geriatric Psychiatry, 33,* 81–94.

17. Levy, B. (1996). Improving memory in old age through implicit self-stereotyping. *Journal of Personality and Social Psychology, 71,* 1092–1107; Levy, B. R., Zonderman, A. B., Slade, M. D., & Ferrucci, L. (2012). Memory shaped by age stereotypes over time. *The Journals of Gerontology, Series B: Psychological Sciences and Social Sciences, 67,* 432–436.

18. Levy, B. R. (2009). Stereotype embodiment: A psychosocial approach to aging. *Current Directions in Psychological Science, 18,* 332–336.

19. Levy, B. R., & Myers, L. M. (2004). Preventive health behaviors influenced by self-perceptions of aging. *Preventive Medicine, 39,* 625–629; Levy, B. R., & Slade, M. D. (2019). Positive views of aging reduce risk of developing later-life obesity. *Preventive Medicine Report, 13,* 196–198.

20. Levy, B. R., & Bavishi, A. (2018). Survival-advantage mechanism: Inflammation as a mediator of positive self-perceptions of aging on longevity. *The Journals of Gerontology, Series B: Psychological Sciences and Social Sciences, 73,* 409–412; Levy, B. R., Moffat, S., Resnick, S. M., Slade, M. D., & Ferrucci, L. (2016). Buffer against cumulative stress:

Positive age self-stereotypes predict lower cortisol across 30 years. *GeroPsych: The Journal of Gerontopsychology and Geriatric Psychiatry, 29*, 141–146.

21. Epel, E. S., Crosswell, A. D., Mayer, S. E., Prather, A. A., Slavich, G. M., Puterman, E., & Mendes, W. B. (2018). More than a feeling: A unified view of stress measurement for population science. *Frontiers in Neuroen docrinology, 49*, 146–169; McEwen, B. S. (2013). The brain on stress: Toward an integrative approach to brain, body, and behavior. *Perspectives on Psychological Science, 8*, 673–675.

22. Steele, C. (2014). Stereotype threat and African-American student achievement. In D. B. Grusky (Ed.), *Social stratification: Class, race and gender in sociological perspective.* New York: Taylor & Francis; Steele, C. M., & Aronson, J. (1995). Stereotype threat and the intellectual test performance of African Americans. *Journal of Personality and Social Psychology, 69*, 797–811.

23. Davies, P. G., Spencer, S. J., & Steele, C. M. (2005). Clearing the air: Identity safety moderates the effects of stereotype threat on women's leadership aspirations. *Journal of Personality and Social Psychology, 88*, 276–287.

24. Chopik, W. J., & Giasson, H. L. (2017). Age differences in explicit and implicit age attitudes across the life span. *The Gerontologist, 57*, 169–177; Montepare, J. M., & Lachman, M. E. (1989). "You're only as old as you feel": Self-perceptions of age, fears of aging, and life satisfaction from adolescence to old age. *Psychology and Aging, 4*, 73–78.

25. Levy, B. R., Zonderman, A. B., Slade, M. D., & Ferrucci, L. (2011). Memory shaped by age stereotypes over time. *The Journals of Gerontology, Series B: Psychological Sciences and Social Sciences, 67*, 432–436; Levy, B. R., Slade, M. D., & Kasl, S. (2002). Longitudinal benefit of positive self-perceptions of aging on functioning health. *The Journals of Gerontology, Series B: Psychological Sciences and Social Sciences, 57*, 409–417.

26. Desta, Y. (2020, June 30). Carl Reiner and Mel Brooks had comedy's most iconic friendship. *Vanity Fair.*

27. Nimrod, G., & Berdychevsky, L. (2018). Laughing off the stereotypes: Age and aging in seniors' online sex-related humor. *The Gerontologist, 58*, 960–969.

28. Levy, B. R. (2009). Stereotype embodiment: A psychosocial approach to aging. *Current Directions in Psychological Science, 18*, 332–336; Levy, B. R., Pilver, C., Chung, P. H., & Slade, M. D. (2014). Subliminal strengthening: Improving older individuals' physical function over time with an implicit-age-stereotype intervention. *Psychological Science, 25*, 2127–2135; Ng, R., Allore, H. G., Trentalange, M., Monin, J. K., & Levy, B. R. (2015). Increasing negativity of age stereotypes across 200 years: Evidence from a database of 400 million words. *PLOS ONE, 10*(2), e0117086.

29. Bodner, E., Palgi, Y., & Wyman, M. (2018). Ageism in mental health assessment and treatment of older adults. In L. Ayalon & C. Tesch-Römer (Eds.), *Contemporary perspectives on ageism.* New York: Springer; Laidlaw, K., & Pachana, N. A. (2009). Ageing, mental health, and demographic change: Challenges for psychotherapists. *Professional Psychology: Research and Practice, 40*, 601–608.

30. Graham, J. (2019, May 30). A doctor speaks out about ageism in medicine. Kaiser Health News.

31. Newport, F. (2015, January 26). Only a third of the oldest baby boomers in US still working. Gallup.

32. Pelisson, A., & Hartmans, A. (2017). The average age of employees at all the top tech companies, in one chart. *Insider*.
33. Applewhite, A. (2016, September 3). You're how old? We'll be in touch. *The New York Times*.
34. Passarino, G., De Rango, F., & Montesanto, A. (2016). Human longevity: Genetics or lifestyle? It takes two to tango. *Immunity and Ageing, 13*, 12; Vaupel, J. W., Carey, J. R., Christensen, K., Johnson, T. E., Yashin, A. I., Holm, N. V., . . . & Curtsinger, J. W. (1998). Biodemographic trajectories of longevity. *Science, 280*, 855–860.

第 2 章

1. Safire, W. (1998, May 10). On language; Great moment in moments. *New York Times Magazine*.
2. Maxwell, K. (2021). Senior moment. *Macmillan Dictionary*.
3. James, W. (1892). The stream of consciousness. In *Psychology* (Chapter 11, p. 251). New York: World Publishing Company; Cherry, K. (2020). William James psychologist biography: The father of American psychology. Verywell Mind. Retrieved June 14, 2021.
4. Ballesteros, S., Kraft, E., Santana, S., & Tziraki, C. (2015). Maintaining older brain functionality: A targeted review. *Neuroscience & Biobehavioral Reviews, 55*, 453–477.
5. American Psychological Association. (2021). Memory and aging; Arkowitz, H., & Lilienfeld, S. O. (2012, November 1). Memory in old age can be bolstered: Researchers have found ways to lessen age-related forgetfulness. *Scientific American*. https://www. scientificamerican.com/article/memory-in-old-age-can-be-bolstered/; Belleville, S., Gilbert, B., Fontaine, F., Gagnon, L., Ménard, É., & Gauthier, S. (2006). Improvement of episodic memory in persons with mild cognitive impairment and healthy older adults: Evidence from a cognitive intervention program. *Dementia and Geriatric Cognitive Disorders, 22*, 486–499; Haj, M. E., Fasotti, L., & Allain, P. (2015). Destination memory for emotional information in older adults. *Experimental Aging Research, 41*, 204–219; Nyberg, L., Maitland, S. B., Rönnlund, M., Bäckman, L., Dixon, R. A., Wahlin, Å., & Nilsson, L.-G. (2003). Selective adult age differences in an age-invariant multifactor model of declarative memory. *Psychology and Aging, 18*, 149–160; Pennebaker, J. W., & Stone, L. D. (2003). Words of wisdom: Language use over the life span. *Journal of Personality and Social Psychology, 85*, 291–301.
6. Levy, B. (1996). Improving memory in old age through implicit self-stereotyping. *Journal of Personality and Social Psychology, 71*, 1092–1107; Schaie, K. W., & Willis, S. L. (2010). The Seattle Longitudinal Study of Adult Cognitive Development. *International Society for the Study of Behavioural Development Bulletin, 57*, 24–29.
7. Levy, B. (1996). Improving memory in old age through implicit self-stereotyping. *Journal of Personality and Social Psychology, 71*, 1092–1107.
8. Levy, B., & Langer, E. (1994). Aging free from negative stereotypes: Successful memory in China and among the American Deaf. *Journal of Personality and Social Psychology, 66*,

989–997.

9. 我遵循 Padden 和 Humphries 所采用的惯例，即使用小写字母 d 或 deaf 来指听力状况，而使用大写字母 D 或 Deaf 来描述语言社群和文化社群。Padden, C., & Humphries, T. (1990). *Deaf in America: Voices from a culture*. Cambridge, MA: Harvard University Press.

10. Lei, X., Strauss, J., Tian, M., & Zhao, Y. (2015). Living arrangements of the elderly in China: Evidence from the CHARLS national baseline. *China Economic Journal, 8*, 191–214; Levy, B., & Langer, E. (1994). Aging free from negative stereotypes: Successful memory in China and among the American Deaf. *Journal of Personality and Social Psychology, 66*, 989–997; Nguyen, A. L., & Seal, D. W. (2014). Cross-cultural comparison of successful aging definitions between Chinese and Hmong elders in the United States. *Journal of Cross-Cultural Gerontology, 29*, 153–171.

11. Becker, G. (1980). *Growing old in silence*. Berkeley: University of California Press.

12. Ibid.

13. Ibid.

14. Levy, B., & Langer, E. (1994). Aging free from negative stereotypes: Successful memory in China and among the American Deaf. *Journal of Personality and Social Psychology, 66*, 989–997.

15. Palmore, E. B. (1988). *Facts on aging quiz: A handbook of uses and results*. New York: Springer.

16. Levy, B. R. (2009). Stereotype embodiment: A psychosocial approach to aging. *Current Directions in Psychological Science, 18*, 332–336; Levy, B., & Langer, E. (1994). Aging free from negative stereotypes: Successful memory in China and among the American Deaf. *Journal of Personality and Social Psychology, 66*, 989–997.

17. Parshley, L. (2018, May 29). This man memorized a 60,000-word poem using deep encoding. *Nautilus*. Retrieved June 14, 2021.

18. Levy, B., & Langer, E. (1994). Aging free from negative stereotypes: Successful memory in China and among the American Deaf. *Journal of Personality and Social Psychology, 66*, 989–997; Padden, C., & Humphries, T. (1988). *Deaf in America: Voices from a culture*. Cambridge, MA: Harvard University Press.

19. Devine, P. G. (1989). Stereotypes and prejudice: Their automatic and controlled components. *Journal of Personality and Social Psychology, 56*, 5–18. Also see: Bargh, J. A., & Pietromonaco, P. (1982). Automatic information processing and social perception: The influence of trait information presented outside of conscious awareness on impression formation. *Journal of Personality and Social Psychology, 43*, 437–449.

20. Levy, B. (1996). Improving memory in old age through implicit self-stereotyping. *Journal of Personality and Social Psychology, 71*, 1092–1107. We did not determine the duration of the effects because we were not expecting such dramatic results; however, our long-term studies have shown that internalized age stereotypes can have an effect across years.

21. Lee, K. E., & Lee, H. (2018). Priming effects of age stereotypes on memory of older adults in Korea. *Asian Journal of Social Psychology, 22*, 39–46.

22. Horton, S., Baker, J., & Deakin, J. M. (2007). Stereotypes of aging: Their effects on the health of seniors in North American society. *Educational Gerontology, 33*, 1021–

1035; Meisner, B. A. (2012). A meta-analysis of positive and negative age stereotype priming effects on behavior among older adults. *The Journals of Gerontology, Series B: Psychological Sciences and Social Sciences, 67*, 13–17; Lamont, R. A., Swift, H. J., & Abrams, D. (2015). A review and meta-analysis of age-based stereotype threat: Negative stereotypes, not facts, do the damage. *Psychology and Aging, 30*, 180–193.

23. Levy, B. R., Zonderman, A. B., Slade, M. D., & Ferrucci, L. (2012). Memory shaped by age stereotypes over time. *The Journals of Gerontology, Series B: Psychological Sciences and Social Sciences, 67*, 432–436.

24. Levitin, D. J. (2020). *Successful aging: A neuroscientist explores the power and potential of our lives.* New York: Penguin Random House.

25. Cabeza, R., Anderson, N. D., Locantore, J. K., & McIntosh, A. R. (2002). Aging gracefully: Compensatory brain activity in high-performing older adults. *Neuroimage, 17*, 1394–1402; Gutchess, A. (2014). Plasticity of the aging brain: New directions in cognitive neuroscience. *Science, 346*, 579–582.

26. Arora, D. (1991). *All that the rain promises and more: A hip pocket guide to Western mushrooms.* Berkeley, CA: Ten Speed Press.

27. Mead, M. (1975). *Culture and commitment: A study of the generation gap.* Garden City, NY: Natural History Press.

28. Ibid.

29. Klein, C. (2016, September 23). DNA study finds Aboriginal Australians world's oldest civilization. History.

30. Archibald-Binge, E., & Geraghty, K. (2020, April 24). "We treat them like gold": Aboriginal community rallies around elders. Tharawal Aboriginal Corporation. Retrieved June 14, 2021; Malcolm, L., & Willis, O. (2016, July 8). Songlines: The Indigenous memory code. *All in the mind.* ABC Radio. Retrieved June 14, 2021; Curran, G., Barwick, L., Turpin, M., Walsh, F., & Laughren, M. (2019). Central Australian Aboriginal songs and biocultural knowledge: Evidence from women's ceremonies relating to edible seeds. *Journal of Ethnobiology, 39*, 354–370; Korff, J. (2020, August 13). Respect for elders and culture. Creative Spirits.

31. Mead, M. (1970). *Culture and commitment: A study of the generation gap.* Garden City, NY: Natural History Press.

第 3 章

1. Levy, B. R., Slade, M. D., & Kasl, S. (2002). Longitudinal benefit of positive self-perceptions of aging on functioning health. *The Journals of Gerontology, Series B: Psychological Sciences and Social Sciences, 57*, 409–417.

2. Sargent-Cox, K., Anstey, K. J., & Luszcz, M. A. (2012). The relationship between change in self-perceptions of aging and physical functioning in older adults. *Psychology and Aging, 27*, 750–760; Ayalon, L. (2016). Satisfaction with aging results in reduced risk for falling. *International Psychogeriatrics, 28*, 741–747.

3. Hausdorff, J. M., Levy, B., & Wei, J. (1999). The power of ageism on physical function of older persons: Reversibility of age-related gait changes. *Journal of the American Geriatrics Society, 47*, 1346–1349.

4. Levy, B. R., Pilver, C., Chung, P. H., & Slade, M. D. (2014). Subliminal strengthening: Improving older individuals' physical function over time with an implicit-age-stereotype intervention. *Psychological Science, 25*, 2127–2135.

5. McAuley, E. W., Wójcicki, T. R., Gothe, N. P., Mailey, E. L., Szabo, A. N., Fanning, J., . . . & Mullen, S. P. (2013). Effects of a DVD-delivered exercise intervention on physical function in older adults. *The Journals of Gerontology, Series A: Biological Sciences and Medical Sciences, 68*, 1076–1082.

6. Levy, B. R., Pilver, C., Chung, P. H., & Slade, M. D. (2014). Subliminal strengthening: Improving older individuals' physical function over time with an implicit-age-stereotypeintervention. *Psychological Science, 25*, 2127–2135. 通过社会心理学实验，在其他群体中也发现了这种滚雪球效应，称作"递归效应"。当一项干预措施导致观念模式发生变化时，就会产生这种效应，观念模式的变化既会导致内部变化，也会导致一个人与环境的互动发生变化。这些变化反过来会强化观念模式的改变。欲了解更多有关这些概念的信息，请参阅：Walton, G. M., & Wilson, T. D. (2018). Wise interventions: Psychological remedies for social and personal problems. *Psychological Review, 125*, 617–655.

7. Levy, B. R., Slade, M., Chang, E. S., Kannoth, S., & Wang, S. H. (2020). Ageism amplifies cost and prevalence of health conditions. *The Gerontologist, 60*, 174–181; Ng, R., Allore, H. G., Trentalange, M., Monin, J. K., & Levy, B. R. (2015). Increasing negativity of age stereotypes across 200 years: Evidence from a database of 400 million words. *PLOS ONE, 10*(2), e0117086.

8. Rutemiller, B. (2018, July 30). 97-year-old Maurine Kornfeld to be inducted into international masters swimming hall of fame. *Swimming World.*

9. Reynolds, G. (2019, September 18). Taking up running after 50? It's never too late to shine. *The New York Times*; Piasecki, J., Ireland, A., Piasecki, M., Deere, K., Hannam, K., Tobias, J., & McPhee, J. S. (2019). Comparison of muscle function, bone mineral density and body composition of early starting and later starting older Masters athletes. *Frontiers in Physiology, 10*, 1050.

10. Hardy, S. E., & Gill, T. M. (2004). Recovery from disability among community-dwelling older persons. *JAMA, 291*, 1596–1602.

11. Levy, B. R., Slade, M. D., Murphy, T. E., & Gill, T. M. (2012). Association between positive age stereotypes and recovery from disability in older persons. *JAMA, 308*, 1972–1973.

12. Glaister, D. (2008, August 4). Hollywood actor Morgan Freeman seriously hurt in crash. *The Guardian.*

13. Pringle, G. (2020, January 22). Q&A: Just getting started with Morgan Freeman. Senior Planet.

14. Durocher, K. (2016, February 21). Morgan Freeman opens up about aging in Hollywood and what he thinks it takes to be president. [Video]. YouTube.

第 4 章

1. Maurer, K., Volk, S., & Gerbaldo, H. (1997). Auguste D and Alzheimer's disease. *Lancet, 349*, 1546–1549.

2. Ibid.

3. Samanez-Larkin, G. R. (2019). *The aging brain: Functional adaptation across the lifespan*. Washington, DC: American Psychological Association; Butler, R. N. (2008). *The longevity revolution: The benefits and challenges of living a long life*. New York: PublicAffairs.

4. Grant, W. B., Campbell, A., Itzhaki, R. F., & Savory, J. (2002). The significance of environmental factors in the etiology of Alzheimer's disease. *Journal of Alzheimer's Disease, 4*, 179–189.

5. 一项针对 26 个国家的研究发现，中国大陆和印度社会对老龄化的看法最为积极。Löckenhoff, C. E., De Fruyt, F., Terracciano, A., McCrae, R., De Bolle, M., . . . & Yik, M. (2009). Perceptions of aging across 26 cultures and their culture-level associates. *Psychology and Aging, 24*, 941–954; Chahda, N. K. (2012). Intergenerational relationships: An Indian perspective. University of Delhi. United Nations Department of Economic and Social Affairs Family.

6. Cohen, L. (2000). *No aging in India*. Berkeley: University of California Press, p. 17.

7. Levy, B. R., Ferrucci, L., Zonderman, A. B., Slade, M. D., Troncoso, J., & Resnick, S. M. (2016). A culture–brain link: Negative age stereotypes predict Alzheimer's disease biomarkers. *Psychology and Aging, 31*, 82–88.

8. Bedrosian, T. A., Quayle, C., Novaresi, N., & Gage, F. H. (2018). Early life experience drives structural variation of neural genomes in mice. *Science, 359*, 1395–1399.

9. Weiler, N. (2017, January 9). Cultural differences may leave their mark on DNA. University of California San Francisco; Galanter, J. M., Gignoux, C. R., Oh, S. S., Torgerson, D., Pino-Yanes, M., Thakur, N., . . . & Zaitlen, N. (2017). Differential methylation between ethnic sub-groups reflects the effect of genetic ancestry and environmental exposures. *eLife, 6*, e20532; Nishimura, K. K., Galanter, J. M., Roth, L. A., Oh, S. S., Thakur, N., Eng, C., . . . & Burchard, E. G. (2013). Early-life air pollution and asthma risk in minority children. The GALA II and SAGE II studies. *American Journal of Respiratory and Critical Care Medicine, 188*, 309–318.

10. Levy, B. R., Slade, M. D., Pietrzak, R. H., & Ferrucci, L. (2018). Positive age beliefs protect against dementia even among elders with high risk gene. *PLOS ONE, 13*, e191004.

11. Sperling, R. A., Donohue, M. C., Raman, R., Chung-Kai, S., Yaari, R., . . . A4 Study Team. (2020). Association of factors with ele vated amyloid burden in clinically normal older individuals. *JAMA Neurology, 77*, 735–745. 为保护 A4 研究受试者的隐私，姓名和详细信息均做了改动。

12. Justice, N. J. (2018). The relationship between stress and Alzheimer's disease. *Neurobiology of Stress, 8*, 127–133.

13. Brody, J. (2019, December 23). Tackling inflammation to fight age-related ailments. *The New York Times*; Epel, E. S., Crosswell, A. D., Mayer, S. E., Prather, A. A., Slavich, G. M., Puterman, E., & Mendes, W. B. (2018). More than a feeling: A unified view of

stress measurement for population science. *Frontiers in Neuroendocrinology, 49*, 146–169; McEwen, B. S. (2013). The brain on stress: Toward an integrative approach to brain, body, and behavior. *Perspectives on Psychological Science, 8*, 673–675.

14. Levy, B. R., Hausdorff, J. M., Hencke, R., & Wei, J. Y. (2000). Reducing cardiovascular stress with positive self-stereotypes of aging. *The Journals of Gerontology, Series B: Psychological Sciences and Social Sciences, 55*, 205–213.

15. Attie, B., & Goldwater, J. (Directors). (2003). *Maggie growls*. Independent Lens. PBS. pbs.org/independentlens/maggiegrowls/index.

16. Levy, B. R., Slade, M. D., Pietrzak, R. H., & Ferrucci, L. (2020). When culture influences genes: Positive age beliefs amplify the cognitive-aging benefit of *APOE* ε2. *The Journals of Gerontology, Series B: Psychological Sciences and Social Sciences, 75*, e198–e203.

17. Suri, S., Heise, V., Trachtenberg, A. J., & Mackay, C. E. (2013). The forgotten *APOE* allele: A review of the evidence and suggested mechanisms for the protective effect of *APOE* ε2. *Neuroscience and Biobehavioral Reviews, 37*, 2878–2886.

18. Levy, B. R., Slade, M. D., Pietrzak, R. H., & Ferrucci, L. (2020). When culture influences genes: Positive age beliefs amplify the cognitive-aging benefit of *APOE* ε2. *The Journals of Gerontology, Series B: Psychological Sciences and Social Sciences, 75*, e198–e203.

19. Samanez-Larkin, G. R. (2019). *The aging brain: Functional adaptation across the lifespan*. Washington, DC: American Psychological Association.

20. Nottebohm, F. (2010). Discovering nerve cell replacement in the brains of adult birds. The Rockefeller University.

21. Galvan, V., & Jin, K. (2007). Neurogenesis in the aging brain. *Clinical Interventions in Aging, 2*, 605–610.

22. Eriksson, P. S., Perfilieva, E., Björk-Eriksson, T., Alborn, A. M., Nordborg, C., Peterson, D. A., & Gage, F. H. (1998). Neurogenesis in the adult human hippocampus. *Nature Medicine, 4*, 1313–1317; Porto, F. H., Fox, A. M., Tusch, E. S., Sorond, F., Mohammed, A. H., & Daffner, K. R. (2015). In vivo evidence for neuroplasticity in older adults. *Brain Research Bulletin, 114*, 56–61.

23. Müller, P., Rehfeld, K., Schmicker, M., Hökelmann, A., Dordevic, M., Lessmann, V., Brigadski, T., Kaufmann, J., & Müller, N. G. (2017). Evolution of neuroplasticity in response to physical activity in old age: The case for dancing. *Frontiers in Aging Neuroscience, 9*, 56; Park, D. C., & Bischof, G. N. (2011). Neuroplasticity, aging, and cognitive function. In K. W. Schaie, S. Willis, B. G. Knight, B. Levy, & D. C. Park (Eds.), *Handbook of the psychology of aging* (7th ed., pp. 109–119). New York: Elsevier.

第 5 章

1. Levy, B. R., Hausdorff, J. M., Hencke, R., & Wei, J. Y. (2000). Reducing cardiovascular stress with positive self-stereotypes of aging. *The Journals of Gerontology, Series B:*

Psychological Sciences and Social Sciences, 55, 205–213.

2. Levy, B. R., Moffat, S., Resnick, S. M., Slade, M. D., & Ferrucci, L. (2016). Buffer against cumulative stress: Positive age self stereotypes predict lower cortisol across 30 years. *GeroPsych: The Journal of Gerontopsychology and Geriatric Psychiatry, 29*, 141–146.

3. Ibid.

4. Levy, B. R., Chung, P. H., Slade, M. D., Van Ness, P. H., & Pietrzak, R. H. (2019). Active coping shields against negative aging self-stereotypes contributing to psychiatric conditions. *Social Science and Medicine, 228*, 25–29.

5. Levy, B. R., Pilver, C. E., & Pietrzak, R. H. (2014). Lower prevalence of psychiatric conditions when negative age stereotypes are resisted. *Social Science and Medicine, 119*, 170–174.

6. American Psychological Association. (2014). Guidelines for psychological practice with older adults. *American Psychologist, 69*, 34–65; Hinrichsen, G. A. (2015). Attitudes about aging. In P. A. Lichtenberg, B. T. Mast, B. D. Carpenter, & J. Loebach Wetherell (Eds.), *APA handbook of clinical geropsychology* (pp. 363–377). Washington, DC: American Psychological Association; Robb, C., Chen, H., & Haley, W. E. (2002). Ageism in mental health and health care: A critical review. *Journal of Clinical Geropsychology, 8*, 1–11.

7. World Health Organization. (2017, December 12). Mental health of older adults; Segal, D. L., Qualls, S. H., & Smyer, M. A. (2018). *Aging and mental health*. Hoboken, NJ: Wiley Blackwell.

8. Freud, S. (1976). On psychotherapy. In *The complete psychological works of Sigmund Freud*. New York: W. W. Norton, p. 264.

9. Woodward, K. M. (1991). *Aging and its discontents: Freud and other fictions*. Bloomington: Indiana University Press, p. 3.

10. Abend, S. M. (2016). *A brief introduction to Sigmund Freud's psychoanalysis and his enduring legacy*. Astoria, NY: International Psychoanalytic Books.

11. Ibid.

12. Helmes, E., & Gee, S. (2003). Attitudes of Australian therapists toward older clients: Educational and training imperatives. *Educational Gerontology, 29*, 657–670.

13. Hinrichsen, G. A. (2015). Attitudes about aging. In P. A. Lichtenberg, B. T. Mast, B. D. Carpenter, & J. Loebach Wetherell (Eds.), *APA handbook of clinical geropsychology* (pp. 363–377). Washington, DC: American Psychological Association; Helmes, E., & Gee, S. (2003). Attitudes of Australian therapists toward older clients: Educational and training imperatives. *Educational Gerontology, 29*, 657–670.

14. Cuijpers, P., Karyotaki, E., Eckshtain, D., Ng, M. Y., Corteselli, K. A., Noma, H., Quero, S., & Weisz, J. R. (2020). Psychotherapy for depression across different age groups: A systematic review and meta-analysis. *JAMA Psychiatry, 77*, 694–702.

15. Plotkin, D. (2014). Older adults and psychoanalytic treatment: It's about time. *Psychodynamic Psychiatry, 42*, 23–50; Chen, Y., Peng, Y., & Fang, P. (2016). Emotional intelligence mediates the relationship between age and subjective well-being. *International Journal of Aging & Human Development, 83*, 91–107; Funkhouser, A. T., Hirsbrunner, H., Cornu, C., & Bahro, M. (1999). Dreams and dreaming among the elderly: An overview. *Aging & Mental Health, 3*(1), 10–20; O'Rourke, N., Cappeliez, P., & Claxton, A. (2011). Functions of reminiscence and the psychological well-being of young and older adults over

time. *Aging & Mental Health*, 15, 272–281.
16. American Psychological Association. (2020). APA resolution on ageism. Washington, DC: American Psychological Association.
17. Moye, J., Karel, M. J., Stamm, K. E., Qualls, S. H., Segal, D. L., Tazeau, Y. N., & DiGilio, D. A. (2019). Workforce analysis of psychological practice with older adults: Growing crisis requires urgent action. *Training and Education in Professional Psychology*, 13, 46–55.
18. Cuijpers, P., Sijbrandij, M., Koole, S. L., Andersson, G., Beekman, A. T., & Reynolds, C. F. (2014). Adding psychotherapy to antidepressant medication in depression and anxiety disorders: A meta-analysis. *World Psychiatry: Official Journal of the World Psychiatric Association*, 13, 56–67; Reynolds, C. F., Frank, E., Perel, J. M., Imber, S. D., Cornes, C., Miller, M. D., . . . & Kupfer, D. J. (1999). Nortriptyline and interpersonal psychotherapy as maintenance therapies for recurrent major depression: A randomized controlled trial in patients older than 59 years. *JAMA*, 281, 39–45; Sammons, M. T., & McGuinness, K. M. (2015). Combining psychotropic medications and psychotherapy generally leads to improved outcomes and therefore reduces the overall cost of care. Society for Prescribing Psychology.
19. Grand View Research. (2020, March). U.S. long term care market size, share and trends analysis by service, and segment forecasts.
20. Brown, B. (2018, April 24). Bethany Brown discusses human rights violations in US nursing homes. Yale Law School; Human Rights Watch. (2018). "They want docile": How nursing homes in the United States overmedicate people with dementia; Ray, W. A., Federspiel, C. F., & Schaffner, W. (1980). A study of antipsychotic drug use in nursing homes: Epidemiologic evidence suggesting misuse. *American Journal of Public Health*, 70, 485–491.
21. Human Rights Watch. (2018). "They want docile": How nursing homes in the United States overmedicate people with dementia.
22. Hinrichsen, G. A. (2015). Attitudes about aging. In P. A. Lichtenberg, B. T. Mast, B. D. Carpenter, & J. Loebach Wetherell (Eds.), *APA hand book of clinical geropsychology* (pp. 363–377). Washington, DC: American Psychological Association; Park, M., & Unützer, J. (2011). Geriatric depression in primary care. *The Psychiatric Clinics of North America*, 34, 469–487.
23. Axelrod, J., Balaban, S., & Simon, S. (2019, July 27). Isolated and struggling, many seniors are turning to suicide. NPR; Conwell, Y., Van Orden, K., & Caine, E. D. (2011). Suicide in older adults. *The Psychiatric Clinics of North America*, 34, 451–468.
24. Park, M., & Unützer, J. (2011). Geriatric depression in primary care. *The Psychiatric Clinics of North America*, 34, 469–487; Span, P. (2020, October 30). You're not too old to talk to someone. *The New York Times*.
25. Span, P. (2020, October 30). You're not too old to talk to someone. *The New York Times*.
26. Coles, R. (1970, October 31). I-The measure of man. *The New Yorker*.
27. Erikson, E. (1993). *Gandhi's truth: On the origins of militant nonviolence*. New York: W. W. Norton.
28. Erikson, E. H., Erikson, J. M., & Kivnick, H. Q. (1989). *Vital involvement in old age*. New York: W. W. Norton.
29. Goleman, D. (1988, June 14). Erikson, in his own old age, expands his view of life. *The*

New York Times.
30. Ibid.
31. Ibid.
32. Cowan, R., & Thal, L. (2015). *Wise aging: Living with joy, resilience, & spirit.* Springfield, NJ: Behrman House.
33. Chibanda, D., Weiss, H. A., Verhey, R., Simms, V., Munjoma, R., Rusakaniko, S., . . . & Araya, R. (2016). Effect of a primary care–based psychological intervention on symptoms of common mental disorders in Zimbabwe: A randomized clinical trial. *JAMA, 316,* 2618–2626.

第 6 章

1. Atchley, R. C. (1999). *Continuity and adaptation in aging: Creating positive experiences.* Baltimore: Johns Hopkins University Press.
2. Levy, B. R., Slade, M. D., Kunkel, S. R., & Kasl, S. V. (2002). Longevity increased by positive self-perceptions of aging. *Journal of Personality and Social Psychology, 83,* 261–270. 这一生存优势数值是基于积极年龄观念受试者群体有一半人死亡的时间与消极年龄观念受试者群体有一半人死亡的时间之差得出的。
3. Ibid., p. 268.
4. The image of aging in media and marketing. (2002, September 4). Hearing before the US Senate Special Committee on Aging.
5. Ibid., Doris Roberts testimony.
6. Officer, A., & de la Fuente-Núñez, V. (2018). A global campaign to combat ageism. *Bulletin of the World Health Organization, 96,* 295–296; Kotter-Grühn, D., Kleinspehn-Ammerlahn, A., Gerstorf, D., & Smith, J. (2009). Self-perceptions of aging predict mortality and change with approaching death: 16-year longitudinal results from the Berlin Aging Study. *Psychology and Aging, 24,* 654–667; Sargent-Cox, K. A., Anstey, K. J., & Luszcz, M. A. (2014). Longitudinal change of self-perceptions of aging and mortality. *The Journals of Gerontology, Series B: Psychological Sciences and Social Sciences, 69,* 168–73; Zhang, X., Kamin, S. T., Liu, S., Fung, H. H., & Lang, F. R. (2018). Negative self-perception of aging and mortality in very old Chinese adults: The mediation role of healthy lifestyle. *The Journals of Gerontology, Series B: Psychological Sciences and Social Sciences, 75,* 1001–1009.
7. Passarino, G., De Rango, F., & Montesanto, A. (2016). Human longevity: Genetics or lifestyle? It takes two to tango. *Immunity and Ageing, 13,* 12; Vaupel, J. W., Carey, J. R., Christensen, K., Johnson, T. E., Yashin, A. I., Holm, N. V., . . . & Curtsinger, J. W. (1998). Biodemographic trajectories of longevity. *Science, 280,* 855–860.
8. Levy, B. R., Slade, M. D., Pietrzak, R. H., & Ferrucci, L. (2020). When culture influences genes: Positive age beliefs amplify the cognitive-aging benefit of *APOE* ε2. *The Journals of Gerontology, Series B: Psychological Sciences and Social Sciences, 75,* e198–e203.
9. Hjelmborg, J., Iachine, I., Skythe, A., Vaupel, J. W., McGue, M., Koskenvuo, M., Kaprio,

J., Pedersen, N. L., & Christensen, K. (2006). Genetic influence on human lifespan and longevity. *Human Genetics, 119*, 312–321; Guillermo Martínez Corrales, G., & Nazif, A. (2020). Evolutionary conservation of transcription factors affecting longevity. *Trends in Genetics, 36*, 373–382.

10. Govindaraju, D., Atzmon, G., & Barzilai, N. (2015). Genetics, lifestyle and longevity: Lessons from centenarians. *Applied & Translational Genomics, 4*, 23–32.

11. Kearney, H. (2019). *QueenSpotting: Meet the remarkable queen bee and discover the drama at the heart of the hive.* North Adams, MA: Storey Publishing.

12. Levy, B. R. (2009). Stereotype embodiment: A psychosocial approach to aging. *Current Directions in Psychological Science, 18*, 332–336.

13. Idler, E. L., & Kasl, S. V. (1992). Religion, disability, depression, and the timing of death. *American Journal of Sociology, 97*, 1052–1079.

14. Levy, B., Ashman, O., & Dror, I. (2000). To be or not to be: The effects of aging stereotypes on the will to live. *Omega: Journal of Death and Dying, 40*, 409–420.

15. Levy, B. R., Slade, M. D., Kunkel, S. R., & Kasl, S. V. (2002). Longevity increased by positive self-perceptions of aging. *Journal of Personality and Social Psychology, 83*, 261–270.

16. Levy, B. R., & Bavishi, A. (2018). Survival-advantage mechanism: Inflammation as a mediator of positive self-perceptions of aging on longevity. *The Journals of Gerontology, Series B: Psychological Sciences and Social Sciences, 73*, 409–412.

17. Harris, T. B., Ferrucci, L., Tracy, R. P., Corti, M. C., Wacholder, S., Ettinger, W. H., & Wallace, R. (1999). Associations of elevated interleukin-6 and C-reactive protein levels with mortality in the elderly. *The American Journal of Medicine, 106*, 506–512; Szewieczek, J., Francuz, T., Dulawa, J., Legierska, K., Hornik, B., Włodarczyk, I., & Batko-Szwaczka, A. (2015). Functional measures, inflammatory markers and endothelin-1 as predictors of 360-day survival in centenarians. *Age, 37*, 85.

18. Levy, B., Ashman, O., Dror, I. (2000). To be or not to be: The effects of aging stereotypes on the will to live. *Omega: Journal of Death and Dying, 40*, 409–420.

19. Levy, B. R., Provolo, N., Chang, E.-S., & Slade, M. D. (2021). Negative age stereotypes associated with older persons' rejection of COVID-19 hospitalization. *Journal of the American Geriatrics Society, 69*, 317–318.

20. Cole, T. R. (1993). *The journey of life: A cultural history of aging in America.* New York: Cambridge University Press.

21. Aronson, L. (2019). *Elderhood: Redefining aging, transforming medicine, reimagining life.* New York: Bloomsbury Publishing; Butler, R. N. (2011). *The longevity prescription: The 8 proven keys to a long, healthy life.* New York: Avery.

22. Butler, R. N. (2008). *The longevity revolution: The benefits and challenges of living a long life.* New York: PublicAffairs, p. xi.

23. Vaupel, J. W., Villavicencio, F., & Bergeron-Boucher, M. (2021). Demographic perspectives on the rise of longevity. *Proceedings of the National Academy of Sciences, 118 (9)*, e2019536118; Oeppen, J., & Vaupel, J. W. (2002). Broken limits to life expectancy. *Science, 296*, 1029–1031.

24. Şahin, D. B., & Heiland, F. W. (2016). Black-white mortality differentials at old-age: New evidence from the national longitudinal mortality study. *Applied demography and*

public health in the 21st century (pp. 141–162). New York: Springer.
25. McCoy, R. (2011). African American elders, cultural traditions, and family reunions. *Generations: American Society on Aging.*
26. Mitchell, G. W. (2014). The silver tsunami. *Physician Executive, 40,* 34–38.
27. Wilkerson, I. (2020). *Caste: The origins of our discontents.* New York: Random House; Hacker, J. S., & Pierson, P. (2020). *Let them eat tweets: How the right rules in an age of extreme inequality.* New York: W. W. Norton.
28. Zarroli, J. (2020, December 9). Soaring stock market creates a club of centibillionaires. *All Things Considered.*
29. Fried, L. (2021, May 6). Combating loneliness in aging: Toward a 21st century blueprint for societal connectedness. Age Boom Academy. The Robert N. Butler Columbia Aging Center. New York. Columbia University.
30. Elgar, F. J. (2010). Income inequality, trust, and population health in 33 countries. *American Journal of Public Health, 100,* 2311–2315.
31. Coughlin, J. (2017). *The longevity economy: Unlocking the world's fastestgrowing, most misunderstood market.* New York: PublicAffairs.
32. Dychtwald, K. (2014). Longevity market emerges. In P. Irving (Ed.), *The upside of aging: How long life is changing the world of health, work, innovation, policy, and purpose.* New York: Wiley. 还应该指出的是，这一年龄段的贫困率高于其他年龄段。也就是说，老年人口的贫富差距相当大。
33. Lee, R. (2020). Population aging and the historical development of intergenerational transfer systems. *Genus, 76,* 31.
34. Azoulay, P., Jones, B. F., Kim, J. D., & Miranda, J. (2020). Age and high-growth entrepreneurship. *American Economic Review, 2,* 65–82.
35. Butler, R. N. (2008). *The longevity revolution: The benefits and challenges of living a long life.* New York: PublicAffairs; Roser, M., Ortiz-Ospina, E., & Ritchie, H. (2013). Life expectancy. Our World in Data. Retrieved June 1, 2021.
36. Willigen, J., & Lewis, D. (2006). Culture as the context of aging. In H. Yoon and J. Hendricks (Eds.), *Handbook of Asian aging.* Amityville, NY: Baywood, p. 133.
37. Fries, J. F. (2000). Compression of morbidity in the elderly. *Vaccine, 18,* 1584–1589.
38. Butler, R. N. (2011). *The longevity prescription: The 8 proven keys to a long, healthy life.* New York: Avery.
39. Levy, B. R. (2017). Age-stereotype paradox: A need and opportunity for social change. *The Gerontologist, 57,* 118–126; Kolata, G. (2016, July 8). A medical mystery of the best kind: Major diseases are in decline. *The New York Times*; Schoeni, R. F., Freedman, V. A., & Martin, L. M. (2008). Why is late-life disability declining? *Milbank Quarterly, 86,* 47–89.
40. Butler, R. N. (2011). *The longevity prescription: The 8 proven keys to a long, healthy life.* New York: Avery.
41. Andersen, S. L., Sebastiani, P., Dworkis, D. A., Feldman, L., & Perls, T. T. (2012). Health span approximates life span among many supercentenarians: Compression of morbidity at the approximate limit of life span. *The Journals of Gerontology, Series A: Biological Sciences and Medical Sciences, 67,* 395–405.
42. Mahoney, D., & Restak, R. (1999). *The longevity strategy.* New York: Wiley.
43. Schoenhofen, E. A., Wyszynski, D. F., Andersen, S., Pennington, J., Young, R., Terry, D.

F., & Perls, T. T. (2006). Characteristics of 32 supercentenarians. *Journal of the American Geriatrics Society, 54*, 1237–1240.

44. Brody, J. (2021, June 21). The secrets of "cognitive super-agers." *The New York Times*; Beker, N., Ganz, A., Hulsman, M., Klausch, T., Schmand, B. A., Scheltens, P., Sikkes, S. A., & Holstege, H. (2021). Association of cognitive function trajectories in centenarians with postmortem neuropathology, physical health, and other risk factors for cognitive decline. *JAMA Network Open, 4*(1): e2031654. doi:10.1001/jamanetworkopen.2020.31654.

45. Nuwer, R. (2015, March 31). Lessons of the world's most unique supercentenarians. BBC.

46. Bucholz, K. (2021, February 5). Where 100 is the new 80. Statista; Santos-Lozano, A., Sanchis-Gomar, F., Pareja-Galeano, H., Fiuza-Luces, C., Emanuele, E., Lucia, A., & Garatachea, N. (2015). Where are supercentenarians located? A worldwide demographic study. *Rejuvenation Research, 18*, 14–19.

47. Sorezore nansai? Choju iwai no kisochishiki (How old? Basics of longevity celebrations). (2014, March 7). Gift Concierge.

48. Saikourei 116sai "imagatanoshii" Fukuoka no Tanaka san, Guiness nintei (116 years old, longest-living Ms. Tanaka of Fukuoka, recognized by Guinness World Records). (2019, March 10). *Nishinopponshinbun.*

49. World's oldest person marks 118th birthday in Fukuoka. (2021, January 2). *The Japan Times*; Hanada, M. (2010). *Hana mo Arashi mo Hyaku Nanasai Tanaka Kane Choju Nihon Ichi heno Chosen* (107 year-old flower and storm, Kane Tanaka, the road to becoming the longest-living person in Japan). Fukuoka, Japan: Azusa Shoin.

50. Mizuno, Y. (1991). *Nihon no Bungaku to Oi* (Japan's literature and aging). Shitensha, 2.

51. Ackerman, L. S., & Chopik, W. J. (2021). Cross-cultural comparisons in implicit and explicit age bias. *Personality and Social Psychology Bulletin, 47*, 953–968.

52. Markus, H. R., & Kitayama, S. (1991). Culture and the self: Implica-tions for cognition, emotion, and motivation. *Psychological Review, 98*, 224–253.

53. Ibid.

54. Ackerman, L. S., & Chopik, W. J. (2021). Cross-cultural comparisons in implicit and explicit age bias. *Personality and Social Psychology Bulletin, 47*, 953–968.

55. Levy, B. R., & Bavishi, A. (2018). Survival-advantage mechanism: Inflammation as a mediator of positive self-perceptions of aging on longevity. *The Journals of Gerontology, Series B: Psychological Sciences and Social Sciences, 73*, 409–412; Levy, B. R., Slade, M. D., Kunkel, S. R., & Kasl, S. V. (2002). Longevity increased by positive self-perceptions of aging. *Journal of Personality and Social Psychology, 83*, 261–270.

56. This is based on social psychologist Kurt Lewin's human behavior equation, B = f(P, E). Lewin, K. (1936). *Principles of topological psychology*. New York: McGraw-Hill.

第 7 章

1. Doherty, M. J., Campbell, N. M., Tsuji, H., & Phillips, W. A. (2010). The Ebbinghaus

illusion deceives adults but not young children. *Developmental Science, 13*, 714–721.

2. Schudel, M. (2016, June 7). Jerome S. Bruner, influential psychologist of perception, dies at 100. *Washington Post.*

3. Bruner, J. S., & Goodman, C. C. (1947). Value and need as organizing factors in perception. *The Journal of Abnormal and Social Psychology, 42*, 33–44.

4. Berns, G. S., Chappelow, J., Zink, C. F., Pagnoni, G., Martin-Skurski, M. E., & Richards, J. (2004). Neurobiological correlates of social conformity and independence during mental rotation. *Biological Psychiatry, 58*, 245–253.

5. Levy, B. (1996). Improving memory in old age through implicit self-stereotyping. *Journal of Personality and Social Psychology, 71*, 1092–1107.

6. Goycoolea, M. V., Goycoolea, H. G., Farfan, C. R., Rodriguez, L. G., Martinez, G. C., & Vidal, R. (1986). Effect of life in industrialized societies on hearing in natives of Easter Island. *The Laryngoscope, 96*, 1391–1396.

7. Holmes, E. R., & Holmes, L. D. (1995). *Other cultures, elder years.* Thousand Oaks, CA: Sage; Pearson, J. D. (1992). Attitudes and perceptions concerning elderly Samoans in rural Western Samoa, American Samoa, and urban Honolulu. *Journal of Cross-Cultural Gerontology, 7*, 69–88; Thumala, D., Kennedy, B. K., Calvo, E., Gonzalez-Billault, C., Zitko, P., Lillo, P., . . . & Slachevsky, A. (2017). Aging and health policies in Chile: New agendas for research. *Health Systems and Reform, 3*, 253–260.

8. Levy, B. R., Slade, M. D., & Gill, T. (2006). Hearing decline predicted by elders' stereotypes. *The Journals of Gerontology, Series B: Psychological Sciences and Social Sciences, 61*, 82–87.

9. Chasteen, A. L., Pichora-Fuller, M. K., Dupuis, K., Smith, S., & Singh, G. (2015). Do negative views of aging influence memory and auditory performance through self-perceived abilities? *Psychology and Aging, 30*, 881–893.

10. Barber, S. J., & Lee, S. R. (2016). Stereotype threat lowers older adults' self-reported hearing abilities. *Gerontology, 62*, 81–85.

11. Corrigan, P. (2020). Music in an intergenerational key. Next Avenue; Hicks, A. (Director). (2014). *Keep On Keepin' On* [Video].

12. Parbery-Clark, A., Strait, D. L., Anderson, S., Hittner, E., & Kraus, N. (2011). Musical experience and the aging auditory system: Implications for cognitive abilities and hearing speech in noise. *PLOS ONE, 6*, e18082; Leopold, W. (2012, January 30). Music training has biological impact on aging process. ScienceDaily.

13. Kraus, N., & White-Schwoch, T. (2014). Music training: Lifelong investment to protect the brain from aging and hearing loss. *Acoustics Australia, 42*, 117–123.

14. Ibid.; Kraus, N., & Anderson, S. (2014). Music benefits across the lifespan: Enhanced processing of speech in noise. *Hearing Review, 21*, 18–21; Dr. Nina Kraus on why musical training helps us process the world around us. (2017, May 31). Sound Health.

15. Anderson, S., White-Schwoch, T., Parbery-Clark, A., & Kraus, N. (2013). Reversal of age-related neural timing delays with training. *Proceedings of the National Academy of Sciences, 110*, 4357–4362.

16. Burnes, D., Sheppard, C., Henderson, C. R., Wassel, M., Cope, R., Bar-ber, C., & Pillemer, K. (2019). Interventions to reduce ageism against older adults: A systematic review and meta-analysis. *American Journal of Public Health, 109*, e1–e9.

17. Lively, P. (2013, October 5). So this is old age. *The Guardian*.

18. Erikson, J. M. (1988). *Wisdom and the senses*. New York: W. W. Norton, p. 45.

19. Schuster, C., & Carpenter, E. (1996). *Patterns that connect: Social symbolism in ancient and tribal art*. New York: Harry N. Abrams.

20. Simonton, D. K. (1997). Creative productivity: A predictive and explanatory model of career trajectories and landmarks. *Psychological Review, 104*, 66–89.

21. Galenson, D. W. (2010). Late bloomers in the arts and sciences: Answers and questions. National Bureau of Economic Research Working Paper No. w15838, SSRN.

22. Charles, S. T., & Carstensen, L. L. (2010). Social and emotional aging. *Annual Review of Psychology, 61*, 383–409.

23. Steinhardt, A. (1998). *Indivisible by four: Pursuit of harmony*. New York: Farrar, Straus and Giroux.

24. Lindauer, M. S. (2003). *Aging, creativity and art: A positive perspective on late-life development*. New York: Springer.

25. Shahn, B. (1985). *The shape of content*. Cambridge, MA: Harvard University Press.

26. Hathaway, M. (2016, November 30). Harmonious ambition: The resonance of Michelangelo. Virginia Polytechnic Institute and State University.

27. Gowing, L. (1966). *Turner: Imagination and reality*. New York: Museum of Modern Art.

28. Spence, J. (1986). *Putting myself in the picture: A political, personal, and photographic autobiography*. London: Camden Press.

29. Pennebaker, J. W., & Stone, L. D. (2003). Words of wisdom: Language use over the life span. *Journal of Personality and Social Psychology, 85*, 291–301.

30. Adams-Price, C. (2017). *Creativity and successful aging: Theoretical and empirical approaches*. New York: Springer.

31. Ibid., pp. 281, 283.

32. Baltes, P. B. (1997). On the incomplete architecture of human ontogeny: Selection, optimization, and compensation as foundation of developmental theory. *American Psychologist, 52*, 366–380; Henahan, D. (1976, March 14). This ageless hero, Rubinstein; He cannot go on like this forever (though some would not bet on that). In fact, there are now some troubling signs. *The New York Times*.

33. Grandma Moses is dead at 101; Primitive artist "just wore out." (1961, December 14). *The New York Times*.

34. Henri Matisse (1869–1954). Christies.

35. Ibid.; Museum of Modern Art. (2014). Henri Matisse: The cut-outs; Murphy, J. (2020, June 9). Henri Matisse: His final years and exhibit. Biography.

36. Gardner, H. E. (2011). *Creating minds: An anatomy of creativity seen through the lives of Freud, Einstein, Picasso, Stravinsky, Eliot, Graham, and Gandhi*. New York: Basic Books.

37. Kozbelt, A. (2015). Swan song phenomenon. In S. K. Whitbourne (Ed.), *The encyclopedia of adulthood and aging*. Hoboken, NJ: Wiley.

38. Roth, H. (1997). *From bondage*. London: Picador, p. 188.

39. Claytor, D. (2013, June 26). Retiring in your 30's . . . now what? *Diablo Ballet Blog*.

40. 想了解更多关于舞者托马斯·德怀尔的信息，请参阅 Frankel, B. (2011). *What should I do with the rest of my life? True stories of finding success, passion, and new meaning in the second half of life*. New York: Avery.

第 8 章

1. Achenbaum, A. W. (2013). *Robert Butler, MD: Visionary of healthy aging*. New York: Columbia University Press; Bernstein, C. (1969, March 7). Age and race fears seen in housing opposition. *Washington Post*.
2. Butler, R. N. (1975). *Why survive? Being old in America*. New York: Harper & Row, p. 12.
3. Ober Allen, J., Solway, E., Kirch, M., Singer, D., Kullgren, J., & Malani, P. (2020, July). Everyday ageism and health. National Poll on Healthy Aging. University of Michigan. http://hdl.handle.net/2027.42/156038.
4. World Health Organization. (2021). *Global Report on Ageism*. Geneva: World Health Organization.
5. International Longevity Center. Anti-Ageism Taskforce. (2006). *Ageism in America*. New York: International Longevity Center-USA.
6. Stratton, C., Andersen, L., Proulx, L., & Sirotich, E. (2021). When apathy is deadlier than COVID-19. *Nature Aging, 1*, 144–145.
7. Ng, R., Allore, H. G., Trentalange, M., Monin, J. K., & Levy, B. R. (2015). Increasing negativity of age stereotypes across 200 years: Evidence from a database of 400 million words. *PLOS ONE, 10*, e0117086.
8. Levy, B. R. (2009). Stereotype embodiment: A psychosocial approach to aging. *Current Directions in Psychological Science, 18*, 332–336.
9. Levy, B. R., and Banaji, M. R. (2004). Implicit ageism. In T. Nelson (Ed.), *Ageism: Stereotyping and prejudice against older persons* (pp. 49–75). Cambridge, MA: MIT Press.
10. Estes, C., Harrington, C., & Pellow, D. (2001). The medical-industrial complex and the aging enterprise. In C. L. Estes, *Social policy & aging: A critical perspective* (pp. 165–186). Thousand Oaks, CA: Sage; Beauty Packaging Staff. (2020). Anti-aging market forecasted to surpass $421.4 billion in revenue by 2030. Beauty Packaging; Guttmann, A. (2020, November 23). Social network advertising revenues in the United States from 2017 to 2021. Statista; Guttmann, A. (2021, February 4). Estimated aggregate revenue of U.S. advertising, public relations, and related service industry from 2004 to 2020. Statista; Grand View Research. (2020, March). U.S. long term care market size, share and trends analysis by service (home healthcare, hospice, nursing care, assisted living facilities), and segment forecasts.
11. McGuire, S. L. (2016). Early children's literature and aging. *Creative Education, 7*, 2604–2612.
12. Gilbert, C. N., & Ricketts, K. G. (2008). Children's attitudes toward older adults and aging: A synthesis of research. *Educational Gerontology, 34*, 570–586.
13. Seefeldt, C., Jantz, R. K., Galper, A., & Serock, S. (1977). Using pictures to explore children's attitudes toward the elderly. *The Gerontologist, 17*, 506–512.
14. Middlecamp, M., & Gross, D. (2002). Intergenerational daycare and preschoolers' attitudes about aging. *Educational Gerontology, 28*, 271–288; Kwong See, S. T., Rasmussen, C., & Pertman, S. Q. (2012). Measuring children's age stereotyping using a modified Piagetian conservation task. *Educational Gerontology, 38*, 149–165; Seefeldt, C., Jantz,

R., Galper, A., & Serock, K. (1977). Children's attitudes toward the elderly: Educational implications. *Educational Gerontology, 2*, 301–310.

15. Levy, B. R. (2009). Stereotype embodiment: A psychosocial approach to aging. *Current Directions in Psychological Science, 18*, 332–336.

16. Vitale-Aussem, J. (2018, September 11). "Dress like a 100-year old" day: A call to action. ChangingAging.

17. Levy, B. R., Zonderman, A. B., Slade, M. D., & Ferrucci, L. (2009). Age stereotypes held earlier in life predict cardiovascular events in later life. *Psychological Science, 20*, 296–298.

18. Ridder, M. (2021, January 27). Value of the global anti-aging market 2020–2026. Statista. Retrieved July 13, 2021.

19. Diller, V. (2011, November 17). Too young to look old? Dealing with fear of aging. *HuffPost*; Kilkenny, K. (2017, August 30). How anti-aging cosmetics took over the beauty world. *Pacific Standard*.

20. Blanchette, A. (2017, January 28). Botox is booming among millennials—some as young as 18. *Star Tribune*.

21. North, A. (2021, June 15). Free the wrinkle: The pandemic could help Americans finally embrace aging skin. Vox.

22. Schiffer, J. (2021, April 8). How barely-there Botox became the norm. *The New York Times*.

23. Market Insider. (2019, November 28). Every thirteenth man has a hair transplant according to Bookimed study.

24. *Vermont Country Store Catalogue*, 2015, p. 21.

25. Calasanti, T., Sorensen, A., & King, N. (2012). Anti-ageing advertisements and perceptions of ageing. In V. Ylänne (Ed.), *Representing ageing*. London: Palgrave Macmillan.

26. *Smithsonian*. (2016). *Choose life: Grow young with HGH*. 47, p. 105.

27. Clayton, P., Banerjee, I., Murray, P., & Renehan, A. G. (2011). Growth hormone, the insulin-like growth factor axis, insulin and cancer risk. *Nature Reviews Endocrinology, 7*, 11–24.

28. Cornell, E. M., Janetos, T. M., & Xu, S. (2019). Time for a makeover-cosmetics regulation in the United States. *Journal of Cosmetic Dermatology, 18*, 2040–2047; Mehlman, M. J., Binstock, R. H., Juengst, E. T., Ponsaran, R. S., & Whitehouse, P. J. (2004). Anti-aging medicine: Can consumers be better protected? *The Gerontologist, 44*, 304–310.

29. Perls, T. T. (2004). Anti-aging quackery: Human growth hormone and tricks of the trade—More dangerous than ever. *The Journals of Gerontology, Series A: Biological Sciences and Medical Sciences, 59*, 682–691.

30. Lieberman, T. (2013, March 14). The enduring myth of the greedy geezer. *Columbia Journalism Review*.

31. Levy, B. R., & Schlesinger, M. (2005). When self-interest and age stereotypes collide: Elders' preferring reduced funds for programs benefiting themselves. *Journal of Aging and Social Policy, 17*, 25–39.

32. Frumkin, H., Fried, L., & Moody, R. (2012). Aging, climate change, and legacy thinking. *American Journal of Public Health, 102*, 1434–1438; Konrath, S., Fuhrel-Forbis, A., Lou, A., & Brown, S. (2012). Motives for volunteering are associated with mortality risk in

older adults. *Healthy Psychology, 31*, 87–96; Benefactor Group. Sixty and over: Elders and philanthropic investments; Soergel, A. (2019, November 18). California, Texas caregivers offer billions in free care. *US News & World Report*.

33. Robinson, J. D., & Skill, T. (2009). The invisible generation: Portrayals of the elderly on prime-time television. *Communication Reports, 8*, 111–119; Zebrowitz, L. A., & Montepare, J. M. (2000). "Too young, too old": Stigmatizing adolescents and elders. In T. F. Heatherton, R. E. Kleck, M. R. Hebl, & J. G. Hull (Eds.), *The social psychology of stigma* (pp. 334–373). New York: Guilford Press.

34. Follows, S. (2015, September 7). How old are Hollywood screenwriters? Stephen Follows Film Data and Education.

35. Geena Davis Institute on Gender in Media. (2018). The reel truth: Women aren't seen or heard.

36. Smith, S., Pieper, K., & Chouiti, M. (2018). Still rare, still ridiculed: Portrayals of senior characters on screen: Popular films from 2015 and 2016. USC Annenberg School for Communication and Journalism.

37. Sperling, N. (2020, September 8). Academy explains diversity rules for best picture Oscar. *The New York Times*.

38. Ibid.

39. 其中一次是表演奖，另一次是因致力于提高女性在银幕上的参与度而获奖。

40. Geena Davis Institute on Gender in Media. (2018). The reel truth: Women aren't seen or heard.

41. Newsdesk. Geena Davis disheartened by Hollywood attitudes to age and gender. (2020, August 11). *Film News*.

42. Smith, N. (2020, October 30). Geena Davis reacts to the "dismal" findings of her center's study on ageism in Hollywood: "It's a shame." *People*.

43. Donlon, M., & Levy, B. R. (2005). Re-vision of older television characters: Stereotype-awareness intervention. *Journal of Social Issues, 61*, 307–319.

44. Gerbner, G., Gross, L., Signorielli, N., & Morgan, M. (1980). Aging with television: Images in television drama and conceptions of social reality. *Journal of Communication, 30*, 37–47; Harwood, J., & Anderson, K. (2002). The presence and portrayal of social groups on prime-time television. *Communication Reports, 15*, 81–97.

45. Safronova, V., Nikas, J., & Osipova, N. (2017, September 5). What it's truly like to be a fashion model. *The New York Times*.

46. *The New York Times* video accompanying article, Safronova, V., Nikas, J., Osipova, N. (2017, September 5). What it's truly like to be a fashion model. *The New York Times*.

47. Gillin, J. (2017, October 4). The more outrageous, the better: How clickbait ads make money for fake news sites. PolitiFact.

48. Zulli, D. (2018). Capitalizing on the look: Insights into the glance, attention economy, and Instagram. *Critical Studies in Media Communication, 35*, 137–150.

49. Levy, B. R., Chung, P. H., Bedford, T., & Navrazhina, K. (2014). Facebook as a site for negative age stereotypes. *Gerontologist, 54*, 172–176.

50. Facebook Community Standards. Objectionable content: Hate speech. Retrieved March 14, 2021.

51. Jimenez-Sotomayor, M. R., Gomez-Moreno, C., & Soto-Perez-de-Celis, E. (2020).

Coronavirus, ageism, and Twitter: An evaluation of tweets about older adults and COVID-19. *Journal of the American Geriatrics Society, 68*, 1661–1665.

52. Oscar, N., Fox, P. A., Croucher, R., Wernick, R., Keune, J., & Hooker, K. (2017). Machine learning, sentiment analysis, and tweets: An examination of Alzheimer's disease stigma on Twitter. *The Journals of Gerontology, Series B: Psychological Sciences and Social Sciences, 72*, 742–751.

53. Gabbatt, A. (2019, March 28). Facebook charged with housing discrimination in targeted ads. *The Guardian*.

54. The Associated Press (2020, July 1). Lawsuit accuses property managers of ageist ads. Finance & Commerce.

55. Terrell, K. (2019, March 20). Facebook reaches settlement in age discrimination lawsuits. AARP; Kofman, A., & Tobin, A. (2019, December 13). Facebook ads can still discriminate against women and older workers, despite a civil rights settlement. ProPublica.

56. Pelisson, A., & Hartmans, A. (2017, September 11). The average age of employees at all the top tech companies, in one chart. *Insider*.

57. Freedman, M., & Stamp, T. (2018, June 6). The US isn't just getting older. It's getting more segregated by age. *Harvard Business Review*.

58. Ruggles, S., & Brower, S. (2003). The measurement of family and household composition in the United States, 1850–1999. *Population and Development Review, 29*, 73–101.

59. Winkler, R. (2013). Segregated by age: Are we becoming more divided? *Population Research and Policy Review, 32*, 717–727.

60. Intergenerational Foundation. (2016). "Generations apart? The growth of age segregation in England and Wales."

61. Hagestad, G. O., & Uhlenberg, P. (2005). The social separation of old and young: A root of ageism. *Journal of Social Issues, 61*, 343–360.

62. Kelley, O. (2020, October 8). This man was fired due to ageism and being "too American." Ladders.

63. Gosselin, P. (2018, December 28). If you're over 50, chances are the decision to leave a job won't be yours. ProPublica.

64. FitzPatrick, C. S. (2014). Fact sheet: Age discrimination. AARP Office of Policy Integration.

65. Gosselin, P. (2017). Supreme Court won't take up R. J. Reynolds age discrimination case. ProPublica.

66. Halbach, J. H., & Haverstock, P. M. (2009). Supreme Court sets higher burden for plaintiffs in age discrimination claims. Larkin Hoffman.

67. Age Smart Employer: Columbia Aging Center. (2021, May 24). The advantages of older workers; Raymo, J. M., Warren, J. R., Sweeney, M. M., Hauser, R. M., & Ho, J. H. (2010). Later-life employment preferences and outcomes: The role of mid-life work experiences. *Research on Aging, 32*, 419–466.

68. Rosen, W. (2017, May 16). How the first broad-spectrum antibiotic emerged from Missouri dirt. *Popular Science*.

69. Butler, R. N. (2008). *The longevity revolution: The benefits and challenges of living a long life*. New York: PublicAffairs.

70. Chang, E., Kannoth, S., Levy, S., Wang, S., Lee, J. E., & Levy, B. R. (2020). Global reach of ageism on older persons' health: A systematic review. *PLOS ONE, 15*, e0220857.

71. Loch, C., Sting, F., Bauer, N., & Mauermann, H. (2010). The globe: How BMW is defusing the demographic time bomb. *Harvard Business Review.*

72. Conley, C. (2018). *Wisdom at work: The making of a modern elder*. New York: Currency, p. 117.

73. Levy, B. R. (2009). Stereotype embodiment: A psychosocial approach to aging. *Current Directions in Psychological Science, 18*, 332–336; Estes, C. L., & Binney, E. A. (1989). The biomedicalization of aging—dangers and dilemmas. *The Gerontologist, 29*, 587–596.

74. Estes, C., Harrington, C., & Pellow, D. (2001). The medical-industrial complex and the aging enterprise. In C. L. Estes, *Social policy & aging: A critical perspective* (pp. 165–186). Thousand Oaks, CA: Sage.

75. Makris, U. E., Higashi, R. T., Marks, E. G., Fraenkel, L., Sale, J. E., Gill, T. M., & Reid, M. C. (2015). Ageism, negative attitudes, and competing co-morbidities—why older adults may not seek care for restricting back pain: A qualitative study. *BMC Geriatrics, 15*, 39.

76. Ibid.

77. Aronson, L. (2019). *Elderhood: Redefining aging, transforming medicine, reimagining life*. New York: Bloomsbury.

78. Centers for Disease Control and Prevention. (2020, May). HIV Surveillance Report, 2018 (Updated).

79. Butler, R. (1989). Dispelling ageism: The cross-cutting intervention. *The Annals of the American Academy of Political and Social Science, 503*, 138–147.

80. Meiboom, A. A., de Vries, H., Hertogh, C. M., & Scheele, F. (2015). Why medical students do not choose a career in geriatrics: A systematic review. *BMC Medical Education, 15*, 101.

81. Remmes, K., & Levy, B. R. (2005). Medical school training and ageism. In E. B. Palmore, L. Branch, & D. Harris (Eds.), *Encyclopedia of ageism*. Philadelphia: Routledge.

82. Cayton, H. (2006). The alienating language of health care. *Journal of the Royal Society of Medicine, 99*, 484.

83. Achenbaum, A. W. (2013). *Robert Butler, MD: Visionary of healthy aging*. New York: Columbia University Press, p. 84.

84. Hudson, J., Waters, T., Holmes, M., Agris, S., Seymour, D., Thomas, L., & Oliver, E. J. (2019). Using virtual experiences of older age: Exploring pedagogical and psychological experiences of students. *VRAR, 18*, 61–72.

85. 有一些方法可以在不增强消极年龄观念的情况下引发共情。例如，一项研究发现，要求受试者以老年人的视角写一篇文章，可以减少对年龄的消极刻板印象。Galinsky, A. D., & Moskowitz, G. B. (2000). Perspective-taking: Decreasing stereotype expression, stereotype accessibility, and in-group favoritism. *Journal of Personality and Social Psychology, 78*, 708–724.

86. Meiboom, A. A., de Vries, H., Hertogh, C. M., & Scheele, F. (2015). Why medical students do not choose a career in geriatrics: A systematic review. *BMC Medical Education, 15*, 101.

87. Siu, A., & Beck, J. C. (1990). Physician satisfaction with career choices in geriatrics. *The Gerontologist, 30*, 529–534.

88. Wyman, M. F., Shiovitz-Ezra, S., & Bengel, J. (2018). Ageism in the health care system: Providers, patients, and systems. In L. Ayalon & C. Tesch-Römer (Eds.), *Contemporary perspectives on ageism* (pp. 193–212). New York: Springer.
89. Chang, E., Kannoth, S., Levy, S., Wang, S., Lee, J. E., & Levy, B. R. (2020). Global reach of ageism on older persons' health: A systematic review. *PLOS ONE, 15*(1): e0220857.
90. 该方法计算了因年龄歧视（包括消极年龄观念）造成的超额成本，这些成本超出了疾病本身的常规成本。Chang, E. S., Kannoth, S., & Wang, S. H. (2020). Ageism amplifies cost and prevalence of health conditions. *The Gerontologist, 60,* 174–181.
91. Ibid.
92. Kim, D. D., & Basu, A. (2016). Estimating the medical care costs of obesity in the United States: Systematic review, meta-analysis, and empirical analysis. *Value in Health, 19,* 602–613; Tsai, A. G., Williamson, D. F., & Glick, H. A. (2011). Direct medical cost of overweight and obesity in the USA: A quantitative systematic review. *Obesity Reviews, 12,* 50–61.
93. Cedars-Sinai. (2021, January 18). LeVar Burton Hosts Cedars-Sinai Celebration of Martin Luther King Jr.
94. Epel, E. S., Crosswell, A. D., Mayer, S. E., Prather, A. A., Slavich, G. M., Puterman, E., & Mendes, W. B. (2018). More than a feeling: A unified view of stress measurement for population science. *Frontiers in Neuroendocrinology, 49,* 146–169; McEwen, B. S. (2013). The brain on stress: Toward an integrative approach to brain, body, and behavior. *Perspectives on Psychological Science, 8,* 673–675.
95. Butler, R. N. (2008). *The longevity revolution: The benefits and challenges of living a long life.* New York: PublicAffairs; Butler, R. N. (1975). *Why survive? Being old in America.* New York: Harper & Row.
96. Bekiempis, V. (2021, February 20). "Alarming surge" in anti-Asian violence across US terrifies community members. *The Guardian.*
97. Kim, J., & McCullough, R. (2019). When it comes to aging, intersectionality matters. Caring Across Generations; Creamer, J. (2020, September 15). Census data shows inequalities persist despite decline in poverty for all major race and Hispanic origin groups. *Lake County News.*
98. Kaelber, L. A. (2012). The invisible elder: The plight of the elder Native American. *Marquette Elder's Advisor, 3,* 46–57; Ellis, R. (2021, February 5). COVID deadlier for Native Americans than other groups. WebMD.

第 9 章

1. Marottoli, R. A., & Coughlin, J. F. (2011). Walking the tightrope: Developing a systems approach to balance safety and mobility for an aging society. *Journal of Aging & Social Policy, 23,* 372–383; Tortorello, M. (2017, June 1). How seniors are driving safer, driving longer. *Consumer Reports*; Leefeldt, E. & Danise, A. (2021, March 16). Senior drivers are safer than previously thought. *Forbes*; American Occupational Therapy Association. Myths

and realities about older drivers.

2. Williams, K., Kemper, S., & Hummert, M. L. (2005). Enhancing communication with older adults: Overcoming elderspeak. *Journal of Psychosocial Nursing and Mental Health Services, 43*, 12–16.

3. Corwin, A. I. (2018). Overcoming elderspeak: A qualitative study of three alternatives. *The Gerontologist, 58*, 724–729.

4. Levy, B. R., Pilver, C., Chung, P. H., & Slade, M. D. (2014). Subliminal strengthening: Improving older individuals' physical function over time with an implicit-age-stereotype intervention. *Psychological Science, 25*, 2127–2135.

5. Ferro, S. (2018, April 18). The "Scully effect" is real: Female *X-Files* fans more likely to go into STEM. Mental Floss.

6. Levy, B. R., Pilver, C., Chung, P. H., & Slade, M. D. (2014). Subliminal strengthening: Improving older individuals' physical function over time with an implicit-age-stereotype intervention. *Psychological Science, 25*, 2127–2135.

7. Langer, E. J. (2009). *Counter clockwise: Mindful health and the power of possibility*. New York: Ballantine Books.

8. Dasgupta, N., & Greenwald, A. G. (2001). On the malleability of automatic attitudes: Combating automatic prejudice with images of admired and disliked individuals. *Journal of Personality and Social Psychology, 81*, 800–814.

9. Fung, H. H., Li, T., Zhang, X., Sit, I. M. I., Cheng, S., & Isaacowitz, D. M. (2015). Positive portrayals of old age do not always have positive consequences. *The Journals of Gerontology, Series B: Psychological Sciences and Social Sciences, 70*, 913–924.

10. Lowsky, D. J., Olshansky, S. J., Bhattacharya, J., & Goldman, D. P. (2014). Heterogeneity in healthy aging. *The Journals of Gerontology, Series A: Biological Sciences and Medical Sciences, 69*, 640–649.

11. Applewhite, A. (2016). *This chair rocks: A manifesto against ageism*. Networked Books.

12. Plaut, V. C., Thomas, K. M., Hurd, K., & Romano, C. A. (2018). Do color blindness and multiculturalism remedy or foster discrimination and racism? *Current Directions in Psychological Science, 27*, 200–206.

13. Krajeski, J. (2008, September 19). This is water. *The New Yorker*.

14. Zwirky, A. (2017, June 14). There's a name for that: The Baader-Meinhof phenomenon: When a thing you just found out about suddenly seems to crop up everywhere. *Pacific Standard*.

15. Burnes, D., Sheppard, C., Henderson, C. R., Wassel, M., Cope, R., Barber, C., & Pillemer, K. (2019). Interventions to reduce ageism against older adults: A systematic review and meta-analysis. *American Journal of Public Health, 109*, e1–e9.

16. Ross, L. (1977). The intuitive psychologist and his shortcomings: Distortions in the attribution process. In L. Berkowitz (Ed.), *Advances in experimental social psychology* (pp. 173–220). New York: Academic Press.

17. Skurnik, I., Yoon, C., Park, D. C., & Schwarz, N. (2005). How warnings about false claims become recommendations. *Journal of Consumer Research, 31*, 713–724; Tucker, J., Klein, D., & Elliott, M. (2004). Social control of health behaviors: A comparison of young, middle-aged, and older adults. *The Journals of Gerontology, Series B: Psychological Sciences and Social Sciences, 59*, 147–150; Cotter, K. A. (2012). Health-related social

control over physical activity: Interactions with age and sex. *Journal of Aging Research*.

18. National Academies of Sciences, Engineering, and Medicine. (2019). *Integrating social care into the delivery of health care: Moving upstream to improve the nation's health.* Washington, DC: The National Academies Press.

19. Levy, B. R., Chung, P. H., Slade, M. D., Van Ness, P. H., & Pietrzak, R. H. (2019). Active coping shields against negative aging self-stereotypes contributing to psychiatric conditions. *Social Science and Medicine, 228*, 25–29.

20. Ashton, A. (2021, February 22). Anonymous asked: What are your thoughts on the phrase "for the young at heart"? *Yo, is this ageist?*

21. *Vogue*. (2019, May 3). Madonna on motherhood and fighting ageism: "I'm being punished for turning 60."

22. De Souza, A. (2015, September 23). Ageism exists in Hollywood, says Robert De Niro. *The Straits Times*.

23. Hsu, T. (2019, September 23). Older people are ignored and distorted in ageist marketing, report finds. *The New York Times*.

24. Dan, A. (2016, September 13). Is ageism the ugliest "ism" on Madison Ave? *Forbes*.

25. Ad Council. (2015, March 3). Love has no labels. Diversity and Inclusion. [Video].

第 10 章

1. Dychtwald, K. (2012, May 31). Remembering Maggie Kuhn: Gray Panthers founder on the 5 myths of aging. *HuffPost*.

2. Douglas, S. (2020, September 8). The forgotten history of the radical "elders of the tribe." *The New York Times*.

3. Fokart, B. (1995, April 23). Maggie Kuhn, 89; Iconoclastic founder of Gray Panthers. *Los Angeles Times*; La Jeunesse, M. (2019, August 2). Who was Maggie Kuhn, co-founder of the elder activist group the Gray Panthers? *Teen Vogue*.

4. La Jeunesse, M. (2019, August 2). Who was Maggie Kuhn, co-founder of the elder activist group the Gray Panthers? *Teen Vogue*.

5. Butler, R. N. (1975). *Why survive? Being old in America*. New York: Harper & Row, p. 341.

6. Pew Research Center. (2019, May 14). Attitudes on same-sex marriage; McCarthy, J. (2019). U.S. support for gay marriage stable, at 63%. Gallup.

7. Morris, A. D. (1984). *The origins of the civil rights movement: Black communities organizing for change*. New York: Free Press; Levy, B. R. (2017). Age-stereotype paradox: A need and opportunity for social change. *The Gerontologist, 57*, 118–126.

8. McAdam, D. (1982). *Political process and the development of the Black insurgency, 1930–1970*. Chicago: The University of Chicago Press.

9. Morris, A. D. (1984). *The origins of the civil rights movement: Black communities organizing for change*. New York: Free Press.

10. Levy, B. R. (2017). Age-stereotype paradox: Opportunity for social change.

Gerontologist, 57, 118–126.

11. Theatre of the Oppressed NYC. (2018, April 24). April 12 Recap: The Runaround.

12. Comedy Central. (2015, April 22). *Inside Amy Schumer*. Last F**kable Day. [Video]. YouTube.

13. Bunis, D. (2018, April 30). The immense power of the older voter. AARP.

14. Thompson, L. E., Barnett, J. R., & Pearce, J. R. (2009). Scared straight? Fear-appeal anti-smoking campaigns, risk, self-efficacy and addiction. *Health, Risk & Society, 11*, 181–196; van Reek, J., & Adriaanse, H. (1986). Anti-smoking information and changes of smoking behaviour in the Netherlands, UK, USA, Canada and Australia. In D. S. Leathar, G. B. Hastings, K. O'Reilly, & J. K. Davies (Eds.), *Health education and the media II* (pp. 45–50). Oxford: Pergamon.

15. Best, W. (2018, December 17). Gray is the new black: Baby boomers still outspend millennials. Visa.

16. International Longevity Centre-UK. (2019, December 5). "Neglected": Opportunities of ageing could add 2% to UK GDP. Global Coalition on Aging.

17. Robinson, T., Callister, M., Magoffin, D., & Moore, J. (2007). The portrayal of older characters in Disney animated films. *Journal of Aging Studies, 21*, 203–213; Kessler, E., Rakoczy, K., & Staudinger, U. M. (2004). The portrayal of older people in prime time television series: The match with gerontological evidence. *Ageing and Society, 24*, 531–552.

18. Levy, B. R., Chung, P. H., Bedford, T., & Navrazhina, K. (2014). Facebook as a site for negative age stereotypes. *Gerontologist, 54*, 172–176.

19. Haasch, P. (2020, September 16). All the celebrities protesting Facebook and Instagram by pausing social posts on Stop Hate for Profit Day. *Insider*; Stop Hate for Profit; Frenkel, S. (2020, October 20). Facebook bans content about Holocaust denial from its site. *The New York Times*.

20. Levy, B. R., Slade, M., Chang, E. S., Kannoth, S., & Wang, S. H. (2020). Ageism amplifies cost and prevalence of health conditions. *The Gerontologist, 60*, 174–181.

21. Li, Z., & Dalaker, J. (2021, April 14). Poverty among the population aged 65 and older. Congressional Research Service.

22. Charlton, J. I. (2000). *Nothing about us without us: Disability oppression and empowerment*. Berkeley: University of California Press.

23. Calvario, L. (2019, April 18). Reese Witherspoon proudly embraces her fine lines and gray hair. *ET*.

24. 为保护皱纹沙龙参与者的隐私，姓名和详细信息均做了改动。

25. Kendi, I. X. (2019). *How to be an antiracist*. New York: One World, pp. 113–114.

26. Now This. (2019, May 29). At 67 years old, JoAni Johnson is the new face of Rihanna's FENTY fashion line; Hicklin, A. (2019, September 15). JoAni Johnson: The sexagenarian model defying convention. *The Guardian*; Foussianes, C. (2019, May 28). Rihanna casts JoAni Johnson, a stunning 68-year-old model, in her Fenty campaign. *Town & Country*; Coley, P. (2020, January 12). JoAni Johnson: 67-year-old model personally picked by Rihanna for Fenty. *Spectacular Magazine*.

27. Lewis, D. C., Desiree, K., & Seponski, D. M. (2011). Awakening to the desires of older women: Deconstructing ageism within fashion magazines. *Journal of Aging Studies, 25*, 101–109.

28. Ewing, A. S. (2019, May 27). Senior slay: JoAni Johnson, 68, proves ageless beauty, grace, and power. The Root.

29. World Health Organization. (2021). Combatting ageism.

30. Centola, D., Becker, J., Brackbill, D., & Baronchelli, A. (2018). Experimental evidence for tipping points in social convention. *Science, 360*, 1116–1119.

31. Szmigiera, M. (2021, March 30). Distribution of the global population in 2020, by age group and world region. Statista.

后记

1. 对格林斯伯勒的描述是基于我对其居民的一对一采访。为了向读者传递该镇居民之间存在相互连结的感觉（这是该镇一个突出且令人羡慕的特点），我将这些访谈合并在一起，并提供了格林斯伯勒的背景信息。

2. Beach, B., & Bamford, S. M. (2014). *Isolation: The emerging crisis for older men. A report exploring experiences of social isolation and loneliness among older men in England.* London: International Longevity Center-UK.

3. Greensboro Historical Society. (1990). *The history of Greensboro: The first two hundred years.* Greensboro, VT: Greensboro Historical Society.

附录

附录 A

1. 例如，参阅 Levy, B. R., Pilver, C., Chung, P. H., & Slade, M. D. (2014). Subliminal strengthening: Improving older individuals' physical function over time with an implicit-age-stereotype intervention. *Psychological Science, 25*, 2127–2135.

2. Donlon, M., & Levy, B. R. (2005). Re-vision of older television characters: Stereotype-awareness intervention. *Journal of Social Issues, 61*, 307–319.

3. Simons, D. J., Boot, W. R., Charness, N., Gathercole, S. E., Chabris, C. F., Hambrick, D. Z., Elizabeth, A. L., & Stine-Morrow, E. A. (2016). Do "brain training" programs work? *Psychological Science in Public Interest, 17*, 103–186; Federal Trade Commission(2016, January 5). Lumosity to pay $2 million to settle FTC deceptive advertising charges for its "brain training" program (2016, January 5).

4. Leblanc, R. (2019, March 12). Recycling beliefs vary between generations. The Balance Small Business.

5. Hall, D. (2018, February 4). Anatomy of a Super Bowl ad: Behind the scenes with E-Trade's ode to retirement. *AdAge.*

6. Thomas, P. (2019). E-Trade profits jump, new users added. *The Wall Street Journal.*

附录 B

1. Gutchess, A. (2014). Plasticity of the aging brain: New directions in cognitive neuroscience. *Science, 346*, 579–582.

2. Roring, R. W., & Charness, N. (2007). A multilevel model analysis of expertise in chess across the life span. *Psychology and Aging, 22*, 291–299.

3. Mireles, D. E., & Charness, N. (2002). Computational explorations of the influence of structured knowledge on age-related cognitive decline. *Psychology and Aging, 17*, 245–259.

4. Park, D. C., Lodi-Smith, J., Drew, L., Haber, S., Hebrank, A., Bischof, G. N., & Aamodt, W. (2014). The impact of sustained engagement on cognitive function in older adults: The Synapse Project. *Psychological Science, 25*, 103–112.

5. Langa, K. M., Larson, E. B., Crimmins, E. M., Faul, J. D., Levine, D. A., Kabeto, M. U., & Weir, D. R. (2017). A comparison of the prevalence of dementia in the United States in 2000 and 2012. *JAMA Internal Medicine, 177*, 51–58.

6. 2021 Alzheimer's disease facts and figures. (2021). *Alzheimer's & Dementia, 17*, 391–460.

7. Wolters, F. J., Chibnik, L. B., Waziry, R., Anderson, R., Berr, C., Beiser, A., . . . & Hofman, A. (2020). Twenty-seven-year time trends in dementia incidence in Europe and the United States. *The Alzheimer Cohorts Consortium, 95*, e519–e531.

8. Levy, B. R., Hausdorff, J. M., Hencke, R., & Wei, J. Y. (2000). Reducing cardiovascular stress with positive self-stereotypes of aging. *The Journals of Gerontology, Series B: Psychological Sciences and Social Sciences, 55*, 205–213.

9. Levy, B. R., Slade, M. D., Kunkel, S. R., & Kasl, S. V. (2002). Longevity increased by positive self-perceptions of aging. *Journal of Personality and Social Psychology, 83*, 261–270.

10. Levy, B. R., & Myers, L. M. (2004). Preventive health behaviors influenced by self-perceptions of aging. *Preventive Medicine, 39*, 625–629.

11. Levy, B. R., Zonderman, A. B., Slade, M. D., & Ferrucci, L. (2012). Memory shaped by age stereotypes over time. *The Journals of Gerontology, Series B: Psychological Sciences and Social Sciences, 67*, 432–436.

12. Levy, B. R., Slade, M. D., Pietrzak, R. H., & Ferrucci, L. (2020). When culture influences genes: Positive age beliefs amplify the cognitive-aging benefit of *APOE* ε2. *The Journals of Gerontology, Series B: Psychological Sciences and Social Sciences, 75*, e198–e203.

13. Levy, B. R., Slade, M. D., Murphy, T. E., & Gill, T. M. (2012). Association between positive age stereotypes and recovery from disability in older persons. *JAMA, 308*, 1972–1973; World Health Organization. (2020). WHO guidelines on physical activity and sedentary behavior. Retrieved July 13, 2021.

14. Thomas, M. L., Kaufmann, C. N., Palmer, B. W., Depp, C. A., Martin, A. S., Glorioso, D. K., Thompson, W. K., & Jeste, D. V. (2016). Paradoxical trend for improvement in mental health with aging: A community-based study of 1,546 adults aged 21–100 years. *The Journal of Clinical Psychiatry, 77*, e1019–e1025; Fiske, A., Wetherell, J. L., & Gatz, M. (2009). Depression in older adults. *Annual Review of Clinical Psychology, 5*, 363–389; Villarroel, M. A., & Terlizzi, E. P. (2020). *Symptoms of depression among adults: United States, 2019.*

National Center for Health Statistics Data Brief.

15. Segal, D. L., Qualls, S. H., & Smyer, M. A. (2018). *Aging and mental health*. Hoboken, NJ: Wiley Blackwell.

16. Cuijpers, P., Karyotaki, E., Eckshtain, D., Ng, M. Y., Corteselli, K. A., Noma, H., Quero, S., & Weisz, J. R. (2020). Psychotherapy for depression across different age groups: A systematic review and meta-analysis. *JAMA Psychiatry, 77*, 694–702.

17. Age Smart Employer: Columbia Aging Center. (2021, May 24). The advantages of older workers.

18. Börsch-Supan, A. (2013). Myths, scientific evidence and economic policy in an aging world. *The Journal of the Economics of Ageing, 1–2*, 3–15.

19. Conley, C. (2018). *Wisdom at work: The making of a modern elder*. New York: Currency.

20. Ibid. Loch, C., Sting, F., Bauer, N., & Mauermann, H. (2010). The globe: How BMW is defusing the demographic time bomb. *Harvard Business Review*; Conley, C. (2018). *Wisdom at work: The making of a modern elder*. New York: Currency.

21. Frumkin, H., Fried, L., & Moody, R. (2012). Aging, climate change, and legacy thinking. *American Journal of Public Health, 102*, 1434–1438.

22. Konrath, S., Fuhrel-Forbis, A., Lou, A., & Brown, S. (2012) Motives for volunteering are associated with mortality risk in older adults. *Healthy Psychology, 31*, 87–96.

23. Benefactor. Sixty and over: Elders and philanthropic investments.

24. Marketing to seniors and boomers: Ten things you need to know. Coming of Age.

25. LeBlanc, R. (2019, March 12). Recycling beliefs vary between generations. The Balance Small Business.

26. Mayr, U., & Freund, A. M. (2020). Do we become more prosocial as we age, and if so, why? *Current Directions in Psychological Science, 29*, 248–254; Lockwood, P. L., Abdurahman, A., Gabay, A. S., Drew, D., Tamm, M., Husain, M., & Apps, M. A. J. (2021). Aging increases prosocial motivation for effort. *Psychological Science, 32*, 668–681.

27. Betts, L. R., Taylor, C. P., Sekuler, A. B., & Bennett, P. J. (2005). Aging reduces center-surround antagonism in visual motion processing. *Neuron, 45*, 361–366.

28. Grossmann, I., Na, J., Varnum, M. E., Park, D. C., Kitayama, S., & Nisbett, R. E. (2010). Reasoning about social conflicts improves into old age. *Proceedings of the National Academy of Sciences, 107*, 7246–7250.

29. Pennebaker, J. W., & Stone, L. D. (2003). Words of wisdom: Language use over the life span. *Journal of Personality and Social Psychology, 85*, 291–301.

30. American Psychological Association. (2021). Memory and aging; Nyberg, L., Maitland, S. B., Rönnlund, M., Bäckman, L., Dixon, R. A., Wahlin, Å., & Nilsson, L.-G. (2003). Selective adult age differences in an age-invariant multifactor model of declarative memory. *Psychology and Aging, 18*, 149–160.

31. Arkowitz, H., & Lilienfeld, S. O. (2012, November 1). Memory in old age can be bolstered. *Scientific American*.

32. Belleville, S., Gilbert, B., Fontaine, F., Gagnon, L., Ménard, É., & Gauthier, S. (2006). Improvement of episodic memory in persons with mild cognitive impairment and healthy older adults: Evidence from a cognitive intervention program. *Dementia and Geriatric Cognitive Disorders, 22*, 486–499.

33. Zimmermann, N., Netto, T. M., Amodeo, M. T., Ska, B., & Fonseca, R. P. (2014).

Working memory training and poetry-based stimulation programs: Are there differences in cognitive outcome in healthy older adults? *NeuroRehabilitation, 35*, 159–170.

34. Levy, B. R., Zonderman, A. B., Slade, M. D., & Ferrucci, L. (2012). Memory shaped by age stereotypes over time. *The Journals of Gerontology, Series B: Psychological Sciences and Social Sciences, 67*, 432–436.

35. Levy, B. R., & Leifheit-Limson, E. (2009). The stereotype-matching effect: Greater influence on functioning when age stereotypes correspond to outcomes. *Psychology and Aging, 24*, 230–233.

36. Marottoli, R. A., & Coughlin, J. F. (2011). Walking the tightrope: Developing a systems approach to balance safety and mobility for an aging society. *Journal of Aging & Social Policy, 23*, 372–383; Leefeldt, E., & Danise, A. (2021, March 16). Senior drivers are safer than previously thought. *Forbes*; American Occupational Therapy Association. Myths and realities about older drivers.

37. Bergal, J. (2016, December 15). Should older drivers face special restrictions? Pew Charitable Trusts.

38. Tortorello, M. (2017, June 1). How seniors are driving safer, driving longer. *Consumer Reports*.

39. Bunis, D. (2018, May 3). Two-thirds of older adults are interested in sex, poll says. AARP.

40. Kalra, G., Subramanyam, A., & Pinto, C. (2011). Sexuality: Desire, activity and intimacy in the elderly. *Indian Journal of Psychiatry, 53*, 300–306.

41. Azoulay, P., Jones, B. F., Kim, J. D., & Miranda, J. (2018, April). Age and high-growth entrepreneurship. National Bureau of Economic Research Working Paper No. w24489.

42. Rietzschel, E. F., Zacher, H., & Stroebe, W. (2016). A lifespan perspective on creativity and innovation at work. *Work, Aging and Retirement, 2*, 105–129.

43. American Psychological Association Office on Aging. (2017). Older adults' health and age-related changes: Reality versus myth.

44. Swayne, M. (2019). Consider older adults as "leaders in innovation." Futurity.

45. AARP. (2019, December). 2020 Tech and the 50+ survey.

46. Czaja, S. J., Boot, W. R., Charness, N., & Rogers, W. A. (2019). *Designing for older adults: Principles and creative human factors approaches*. Boca Raton, FL: CRC Press.

47. Pontin, J. (2013, August 13). Seven over seventy. *MIT Technology Review*.

48. National Institute on Aging. (2019, January 17). Quit smoking for older adults; Yassine, H. N., Marchetti, C. M., Krishnan, R. K., Vrobel, T. R., Gonzalez, F., & Kirwan, J. P. (2009). Effects of exercise and caloric restriction on insulin resistance and cardiometabolic risk factors in older obese adults—a randomized clinical trial. *The Journals of Gerontology, Series A: Biomedical Sciences and Medical Sciences, 64*, 90–95.

49. Ibid.

50. Hardy, S. E., & Gill, T. M. (2004). Recovery from disability among community-dwelling older persons. *JAMA, 291*, 1596–1602; Levy, B. R., Slade, M. D., Murphy, T. E., & Gill, T. M. (2012). Association between positive age stereotypes and recovery from disability in older persons. *JAMA, 308*, 1972–1973.

附录 C

1. Irving, P. (2014). *The upside of aging: How long life is changing the world of health, work, innovation, policy, and purpose.* Hoboken, NJ: Wiley, p. xxi.

2. Chang, E., Kannoth, K., Levy, S., Wang, S., Lee, J. E., & Levy, B. R. (2020). Global reach of ageism on older persons' health: A systematic review. *PLOS ONE.*

3. Young, P. L., & Olsen, L. (2010). *The healthcare imperative: Lowering costs and improving outcomes.* National Academy of Sciences.

4. Tinetti, M. E., Costello, D. M., Naik, A. D., Davenport, C., Hernandez-Bigos, K., . . . Dindo, L. (2021). Outcome goals and health care preferences of older adults with multiple chronic conditions. *JAMA Network Open, 4*(3), e211271; Tinetti, M. E., Naik, A., & Dindo, L. (2018). *Conversation guide and manual for identifying patients' health priorities.* Patient Priorities Care.

5. Southerland, L. T., Lo, A. X., Biese, K., Arendts, G., Banerjee, J., Hwang, U., . . . & Carpenter, C. R. (2020). Concepts in practice: Geriatric emergency departments. *Annals of Emergency Medicine, 75*, 162–170; Hwang, U., Dresden, S. M., Vargas-Torres, C., Kang, R., Garrido, M. M., Loo, G., . . . & Structural Enhancement Investigators. (2021). Association of a Geriatric Emergency Department Innovation Program with cost outcomes among Medicare beneficiaries. *JAMA Network Open, 4*, e2037334–e2037334.

6. 根据 Salary.com 的数据，老年医学专家的年薪中位数为 189,879 美元，这还不到骨科医生或心脏病医生平均收入的一半。老年医学专家收入偏低的原因是，联邦医疗保险是他们的主要支付方，其报销比例历来低于商业保险。Hafner, K. (2016, January 25). As population ages, where are the geriatricians? *The New York Times*; Castellucci, M. (2018, February 27). Geriatrics still failing to attract new doctors. *Modern Healthcare.*

7. Massachusetts Care Planning Council. (2013). About geriatric health care; Hafner, K. (2016, January 25). As population ages, where are the geriatricians? *The New York Times.*

8. McGinnis, S. L., & Moore, J. (2006, April–June). The impact of the aging population on the health workforce in the United States—summary of key findings. *Cahiers de Sociologie et de Démographie Médicales, 46*, 193–220; Bardach, S. H., & Rowles, G. D. (2012). Geriatric education in the health professions: Are we making progress? *The Gerontologist, 52*, 607–618.

9. Fulmer, T., Reuben, D. B., Auerbach, J., Fick, D., Galambos, C., & Johnson, K. S. (2021). Actualizing better health and health care for older adults. *Health Affairs, 40*, 219–225; Institute of Medicine, Committee on the Future Health Care Workforce for Older Americans (2008). *Retooling for an aging America: Building the health care workforce.* Washington, DC: National Academies Press.

10. Seegert, L. (2019, June 26). Doctors are ageist—and it's harming older patients. NBC News. Makris, U. E., Higashi, R. T., Marks, E. G., Fraenkel, L., Sale, J. E., Gill, T. M., & Reid, M. C. (2015). Ageism, negative attitudes, and competing co-morbidities—why older adults may not seek care for restricting back pain: A qualitative study. *BMC Geriatrics, 15*, 39.

11. Bodner, E., Palgi, Y., & Wyman, M. (2018). Ageism in mental health assessment and treatment of older adults. In L. Ayalon & C. Tesch-Römer (Eds.), *Contemporary perspectives on ageism.* New York: Springer; Bouman, W. P., & Arcelus, J. (2001). Are psychiatrists

guilty of "ageism" when it comes to taking a sexual history? *International Journal of Geriatric Psychiatry, 16*, 27–31; Lileston, R. (2017, September 28). STD rates keep rising for older adults. AARP.

12. Johnson, S. R. (2016, October 8). Payment headaches hinder progress on mental health access. *Modern Healthcare.*

13. Chibanda, D., Weiss, H. A., Verhey, R., Simms, V., Munjoma, R., Rusakaniko, S., . . . & Araya, R. (2016). Effect of a primary care–based psychological intervention on symptoms of common mental disorders in Zimbabwe: A randomized clinical trial. *JAMA, 316*, 2618–2626.

14. Aging in place. (2021, June). The facts behind senior hunger; America's Health Ratings. (2021). Poverty 65+; Nagourney, A. (2016, May 31). Old and on the street: The graying of America's homeless. *The New York Times.*

15. U.S. Department of Labor. Legal highlight: The Civil Rights Act of 1964.

16. Brown, B. (2018, April 24). Bethany Brown discusses human rights violations in US nursing homes. Yale Law School; Human Rights Watch. (2018). "They want docile": How nursing homes in the United States overmedicate people with dementia; Ray, W. A., Federspiel, C. F., & Schaffner, W. (1980). A study of antipsychotic drug use in nursing homes: Epidemiologic evidence suggesting misuse. *American Journal of Public Health, 70*, 485–491; Thomas, K., Gebeloff, R., & Silver-Greenberg, J. (2021, September 11). Phony diagnoses hide high rates of drugging at nursing homes. *The New York Times.*

17. Yon, Y., Mikton, C. R., Gassoumis, Z. D., & Wilber, K. H. (2017). Elder abuse prevalence in community settings: A systematic review and meta-analysis. *Lancet Global Health, 5*(2), e147–e156; World Health Organization. (2021, June 15). Elder abuse.

18. Chang, E. S., Monin, J. K., Zelterman, D., & Levy, B. R. (2021). Impact of structural ageism on greater violence against older persons: A cross-national study of 56 countries. *BMJ Open, 11*(5), e042580.

19. Organization of American States Department of International Law. (2015, June 15). Inter-American Convention on Protecting the Human Rights of Older Persons.

20. National Center for State Courts. (2020, September 30). Mandatory judicial retirement; ElderLawAnswers. (2019, March 12). Called for jury duty? You may be exempt based on your age.

21. McGuire, S. (2020). Growing up and growing older: Books for young readers. Lincoln Memorial University.

22. AARP Foundation. (2021). Experience Corps: Research studies.

23. The Gerontological Society of America. Age-Friendly University (AFU) global network.

24. Lieberman, A. (2018, February 27). UN increases retirement ages for staffers to 65 years. Devex.

25. Kita, J. (2019, December 30). Workplace age discrimination still flourishes in America. AARP.

26. PayChex. (2016). Potential benefits of multigenerational workforce.

27. Centre for Ageing Better. (2021, January 7). Age-positive image library launched to tackle negative stereotypes of later life.

28. Dan, A. (2016, September 13). Is ageism the ugliest "ism" on Madison Ave? *Forbes.*

29. Sperling, N. (2020, September 8). Academy explains diversity rules for best picture

Oscar. *The New York Times*.
30. Donlon, M., & Levy, B. R. (2005). Re-vision of older television characters: Stereotype-awareness intervention. *Journal of Social Issues, 61*, 307–319; Robinson, T., Callister, M., Magoffin, D., & Moore, J. (2007). The portrayal of older characters in Disney animated films. *Journal of Aging Studies, 21*, 203–213; Kessler, E., Rakoczy, K., & Staudinger, U. M. (2004). The portrayal of older people in prime time television series: The match with gerontological evidence. *Ageing and Society, 24*, 531–552.
31. Handy, B. (2016, May 3). Inside Amy Schumer: An oral history of Amy Schumer's "Last Fuckable Day" sketch. *Vanity Fair*; Comedy Central. (2015, April 22). *Inside Amy Schumer*—Last F**kable Day. [Video]. YouTube; *Vogue*. (2019, May 3). Madonna on motherhood and fighting ageism: "I'm being punished for turning 60."; de Souza, A. (2015, September 23). Ageism exists in Hollywood, says Robert De Niro. *The Straits Times*.
32. Peterson, S. (2018, April 4). Ageism: The issue never gets old. Gamein dustry.biz; Dunn, P. (2021, April 22). "Just Die Already" to launch on all platforms next month. GBATEMP.
33. Changing the Narrative. (2021, February 8). Changing the Narrative's age-positive birthday card campaign includes artist from Aurora. Your Hub; Changing the Narrative. (2020, October 1). Anti-ageist birthday cards across cultures.
34. Gabbatt, A. (2019, March 28). Facebook charged with housing discrimination in targeted ads. *The Guardian*; The Associated Press. (2020, July 2). Lawsuit accuses property managers of ageist ads. Finance & Commerce; Kofman, A., & Tobin, A. (2019, December 13). Facebook ads can still discriminate against women and older workers, despite a civil rights settlement. ProPublica.
35. Jimenez-Sotomayor, M. R., Gomez-Moreno, C., & Soto-Perez-de-Celis, E. (2020). Coronavirus, ageism, and Twitter: An evaluation of tweets about older adults and COVID-19. *Journal of the American Geriatrics Society, 68*, 1661–1665.
36. Facebook Community Standards. Objectionable content: Hate speech. Retrieved March 14, 2021.
37. Sipocz, D., Freeman, J. D., & Elton, J. (2021). "A toxic trend?": Generational conflict and connectivity in Twitter discourse under the #Boomer-Remover hashtag. *Gerontologist, 61*, 166–175.
38. Levy, B. R., Chang, E.-S., Lowe, S., Provolo, N., & Slade, M. D. (2021). Impact of media-based negative and positive age stereotypes on older individuals' mental health during the COVID-19 pandemic. *The Journals of Gerontology, Series B: Psychological Sciences and Social Sciences*.
39. Leardi, J. (2015, June 10). Turning the tide on the "silver tsunami." Changing Aging with Dr. Bill Thomas.
40. Older Adults Technology Services. (2021). Aging connected: Exposing the hidden connectivity crisis for older adults.
41. National Aging and Disability Transportation Center. (2021). Older adults and transportation.
42. The Anti-Ageism Taskforce at the International Longevity Center. (2006). *Ageism in America*. New York: International Longevity Center-USA, p. 41.
43. Nanna, M. G., Chen, S. T., Nelson, A. J., Navar, A. M., & Peterson, E. D. (2020). Representation of older adults in cardiovascular disease trials since the inclusion across

the lifespan policy. *JAMA Internal Medicine, 180*, 1531–1533; Gopalakrishna, P. (2020, September 30). New research shows older adults are still often excluded from clinical trials. STAT.

44. Albone, R., Beales, S., & Mihnovits, A. (2014, January). Older people count: Making data fit for purpose. Global AgeWatch.

45. Center on Budget and Policy Priorities. (2020, April 9). Policy basics: Where do our federal tax dollars go?

积 极 人 生

《大脑幸福密码：脑科学新知带给我们平静、自信、满足》

作者：[美]里克·汉森 译者：杨宁 等

里克·汉森博士融合脑神经科学、积极心理学与进化生物学的跨界研究和实证表明：你所关注的东西便是你大脑的塑造者。如果你持续地让思维驻留于一些好的、积极的事件和体验，比如开心的感觉、身体上的愉悦、良好的品质等，那么久而久之，你的大脑就会被塑造成既坚定有力、复原力强，又积极乐观的大脑。

《理解人性》

作者：[奥]阿尔弗雷德·阿德勒 译者：王俊兰

"自我启发之父"阿德勒逝世80周年焕新完整译本，名家导读。阿德勒给焦虑都市人的13堂人性课，不论你处在什么年龄，什么阶段，人性科学都是一门必修课，理解人性能使我们得到更好、更成熟的心理发展。

《盔甲骑士：为自己出征》

作者：[美]罗伯特·费希尔 译者：温旻

从前有一位骑士，身披闪耀的盔甲，随时准备去铲除作恶多端的恶龙，拯救遇难的美丽少女……但久而久之，某天骑士蓦然惊觉生锈的盔甲已成为自我的累赘。从此，骑士开始了解脱盔甲，寻找自我的征程。

《成为更好的自己：许燕人格心理学30讲》

作者：许燕

北京师范大学心理学部许燕教授30年人格研究精华提炼，破译人格密码。心理学通识课，自我成长方法论。认识自我，了解自我，理解他人，塑造健康人格，展示人格力量，获得更佳成就。

《寻找内在的自我：马斯洛谈幸福》

作者：[美]亚伯拉罕·马斯洛 等 译者：张登浩

豆瓣评分8.6，110个豆列推荐；人本主义心理学先驱马斯洛生前唯一未出版作品；重新认识幸福，支持儿童成长，促进亲密感，感受挚爱的存在。

更多>>>

《抗逆力养成指南：如何突破逆境，成为更强大的自己》 作者：[美]阿尔·西伯特
《理解生活》 作者：[美]阿尔弗雷德·阿德勒
《学会幸福：人生的10个基本问题》 作者：陈赛 主编

心身健康

《谷物大脑》

作者：[美] 戴维·珀尔玛特 等 译者：温旻

樊登读书解读，《纽约时报》畅销书榜连续在榜55周，《美国出版周报》畅销书榜连续在榜超40周！
好莱坞和运动界明星都在使用无麸质、低碳水、高脂肪的革命性饮食法！
解开小麦、碳水、糖损害大脑和健康的惊人真相，让你重获健康和苗条身材

《菌群大脑：肠道微生物影响大脑和身心健康的惊人真相》

作者：[美] 戴维·珀尔马特 等 译者：张雪 魏宁

超级畅销书《谷物大脑》作者重磅新作！
"所有的疾病都始于肠道。"——希腊名医、现代医学之父希波克拉底
解锁21世纪医学关键新发现——肠道微生物是守护人类健康的超级英雄！
它们维护着我们的大脑及整体健康，重要程度等同于心、肺、大脑

《谷物大脑完整生活计划》

作者：[美] 戴维·珀尔马特 等 译者：闫佳

超级畅销书《谷物大脑》全面实践指南，通往完美健康和理想体重的所有道路，
都始于简单的生活方式选择，你的健康命运，全部由你做主

《生酮饮食：低碳水、高脂肪饮食完全指南》

作者：[美] 吉米·摩尔 等 译者：陈晓芮

吃脂肪，让你更瘦、更健康。风靡世界的全新健康饮食方式——生酮饮食。两
位生酮饮食先锋，携手22位医学/营养专家，解开减重和健康的秘密

《第二大脑：肠脑互动如何影响我们的情绪、决策和整体健康》

作者：[美] 埃默伦·迈耶 译者：冯任南 李春龙

想要了解自我，从了解你的肠子开始！拥有40年研究经验、脑-肠相互作用研
究的世界领导者，深度解读肠脑互动关系，给出兼具科学和智慧洞见的答案

更多>>>

《基因革命：跑步、牛奶、童年经历如何改变我们的基因》 作者：[英] 沙伦·莫勒姆 等 译者：杨涛 吴荆卉
《胆固醇，其实跟你想的不一样！》 作者：[美] 吉米·摩尔 等 译者：周云兰
《森林呼吸：打造舒缓压力和焦虑的家中小森林》 作者：[挪] 约恩·维姆达 译者：吴娟